Kurze Zusammenfassung der Elektrizitätslehre

Eine Einführung des rationalisierten Giorgischen Maßsystems

Von

Dipl.-Ing. P. Cornelius

Mitarbeiter des Forschungslaboratoriums der
N. V. Philips' Gloeilampenfabrieken, Eindhoven, Niederlande

Mit 11 Textabbildungen

Springer-Verlag Wien GmbH

1951

ISBN 978-3-662-23410-5   ISBN 978-3-662-25462-2 (eBook)
DOI 10.1007/978-3-662-25462-2

Geleitwort.

Die Frage, in welcher Einheit eine physikalische Größe ausgedrückt wird, erscheint theoretisch betrachtet ziemlich unwichtig. In der Praxis ist das jedoch keineswegs so, besonders wenn sich zwei oder mehr Maßsysteme eingebürgert haben. Man denke an das metrische und das englische Maßsystem in der Maschinentechnik und an das Nebeneinandergebrauchen des Massenkilogramms durch den Physiker und des Kraftkilogramms durch den Ingenieur.

Aus der Wurzel des CGS-Systems der Mechanik sind historisch zwei elektrische Maßsysteme erwachsen, nämlich das elektrostatische und das elektromagnetische CGS-System. Einige theoretische Physiker wenden konsequent eines dieser Systeme an. Daneben benutzt man jedoch meistens das gemischte System von Gauß, das elektrische Größen in ESE, magnetische Größen dagegen in EME ausdrückt. In den Formeln treten dadurch Faktoren c (Lichtgeschwindigkeit in cm/sec) auf.

Seit ungefähr 1880 wurden für den Gebrauch der wachsenden Elektrotechnik neue, sogenannte technische Einheiten (Coulomb, Ampere, Volt, Farad, Henry) eingeführt, die sich durch Faktoren 10 von den elektromagnetischen CGS-Einheiten unterscheiden. Da alle Meßinstrumente in diesen Einheiten geeicht sind, kann auch der Physiker sich dem Gebrauch dieser Einheiten nicht entziehen, und da für die elektromagnetischen Feldgrößen keine besonderen technischen Einheiten eingeführt wurden, führt dies wiederum zu gemischten Formeln mit allerlei Koeffizienten, die man im Gedächtnis behalten muß. Noch verwickelter wird die Situation dadurch, daß man versuchte, die technischen Einheiten in Normalmaßen (Silbervoltameter, Quecksilbersäule, Normalelement) festzulegen, wobei sich hinterher ergab, daß diese Normalmaße nicht genau mit den Einheiten übereinstimmten, die sie darstellen sollten. Anstatt die Normalmaße zu korrigieren, behielt man die dafür angegebenen Vorschriften und nannte die so definierten Einheiten „internationale Einheiten". In verschiedenen Staatslaboratorien hat man sehr sorgfältig das Verhältnis der internationalen zu den „absoluten" Einheiten bestimmt.

Durch diesen Zustand wird viel Verwirrung gestiftet: Im Gebiet der Wissenschaft besonders bei Präzisionsmessungen, da nicht stets angegeben wird, welche Einheiten den Messungen zugrunde liegen (s. z. B. U. Stille, Zeitschr. f. Phys. *121*, 34, 1943), und im Gebiet des Unterrichts, wo der Schüler oder Student beim Nachschlagen in Büchern oder Zeitschriften dieselbe Formel bald so, bald so geschrieben findet.

Für die Elektrotechnik hat Giorgi 1901 versucht, diese Angelegenheit mit Hilfe einiger Vorschläge in Ordnung zu bringen, denen er allgemeine Anerkennung verschaffen wollte. Diese Vorschläge umfassen:

1. Konsequente Durchführung des technischen Maßsystems auch für die elektrischen und magnetischen Feldgrößen.

2. Anpassung des mechanischen an das elektrische Maßsystem durch Einführung von kg-Masse und m anstatt g-Masse und cm, und Ausbreitung der Dreiheit m kg sec mit einer vierten elektrischen Grundeinheit.

Diese Vorschläge sind durch die I. E. C. (International Electrical Commission) in 1935 offiziell angenommen. Außer den genannten bestehen noch zwei andere Vorschläge, nämlich:

3. Rückkehr zu den absoluten technischen Einheiten, die jetzt möglich geworden ist, da die Übereinstimmung der Messungen in den verschiedenen Staatslaboratorien so groß ist, daß man mit ausreichender Genauigkeit die „absoluten" Einheiten reproduzieren kann.

4. Rationalisierung, die darin besteht, daß man andere Definitionen für H (magnetische Feldstärke) und für D (Verschiebungsdichte) wählt. Hierdurch verschwindet der Faktor 4π aus den Formeln, die für „ebene Fälle" gelten.

Betreffend 3., worüber in den Jahren 1935 bis 1939 viel diskutiert wurde, hat das „Comité international des Poids et Mesures" im Oktober 1946 beschlossen, den ihm angeschlossenen Staaten zu empfehlen, vom 1. Januar 1948 ab die „unités absolues du système M. K. S." anzuwenden.

Betreffend 4. ist noch keine Einmütigkeit erreicht. In der Praxis hat sich jedoch gezeigt, daß man das M K S-System von Giorgi in der rationalisierten Form anwenden muß, wenn man den vollen Nutzen aus ihm ziehen will.

Während es dem Physiker natürlich freigestellt ist, ein C G S-System auch weiterhin zu benutzen, wird auch er das M K S-System kennen lernen müssen. Er wird dann vermutlich dazu übergehen, es regelmäßig anzuwenden.

Hier muß man auch an die Lehrmethode denken. Beim heutigen Physikunterricht führt ein langer Weg vom Coulombschen Gesetz über Potential, Magnetpole, Ströme, Induktionsgesetze beispielsweise zum Begriff Selbstinduktion. Doch begegnet der werdende Elektrotechniker sofort Widerständen, Induktivitäten und Kapazitäten. Es ist die Frage, ob man diese Begriffe nicht früher einführen oder mehr hervorheben kann.

Der Verfasser dieses Buches versucht nach dem Vorbild von R. W. Pohl dies zu verwirklichen. Zugleich gibt er dem Leser die Gelegenheit, sich mit dem rationalisierten Giorgi-System vertraut zu machen, und er zeigt, wie die angewendete Lehrmethode übersichtlich wird, wenn man vom Anfang an das genannte Maßsystem anwendet.

Wir wünschen Herrn Cornelius einen dankbaren Leserkreis.

W. de Groot.

Vorwort.

Die Zusammenfassung der Elektrizitätslehre, die in diesem Buch gegeben wird, ist zunächst für diejenigen bestimmt, die diese Lehre einigermaßen kennen und sich mit wenig Mühe aufs neue darin orientieren wollen; dies sind zum Beispiel Techniker, Studenten und Fertigstudierte, die nicht auf dem Gebiet der Elektrizitätslehre spezialisiert sind.

Darüber hinaus jedoch wird dieses Buch der Aufmerksamkeit gerade derjenigen anempfohlen, die sich besonders mit diesem Gebiet beschäftigen, u. a. Professoren und Dozenten der Elektrizitätslehre an Techniken, Technischen Hochschulen und Universitäten und Physiklehrern an höheren Schulen.

Während theoretische Physiker die Gesetze der Elektrizitätslehre in der allgemeinsten und exaktesten Form kennen, sind oft die von ihnen verfaßten Bücher und auch ihre mündlichen Auseinandersetzungen für die erstgenannte Gruppe von Personen schwer zu begreifen:

weil sie eine tägliche Übung in höherer Mathematik voraussetzen;

weil sie mit Vorliebe abstrakte Definitionen gebrauchen, und nicht Tatsachen, Begriffe, Vorstellungen oder Analogien, mit denen die genannten Personen vertraut sind;

weil sie ihren Auseinandersetzungen eine möglichst allgemeingültige Form geben, während für die besonderen Fälle, die meistens vorkommen, oftmals eine einfache Theorie ausreichend ist;

weil sie in der Regel, einzeln oder durcheinander, Maßsysteme gebrauchen, die nicht auf die in der Praxis gebräuchlichen Einheiten gegründet sind.

In diesem Buch wollen wir zeigen, daß, wenn auch Differential-, Integral- und Vektorrechnungen vielleicht Schwierigkeiten bereiten, doch ihre abstrakten Grundbegriffe einfach zu begreifen sind, da diese bloß die mathematische Form von fundamentalen Größen sind, auf die man beinahe von selbst beim Aufbauen der Elektrizitätslehre stößt.

In unseren Auseinandersetzungen gebrauchen wir ruhig Begriffe, die jeder kennt und anwendet, wie z. B. Spannung, ohne viel Mühe und Zeit auf eine strenge Definition zu verschwenden. Wir haben keine Angst vor Analogien, wenn sie verdeutlichend wirken können, auch wenn sie nur eine beschränkte Gültigkeit haben.

Wir versuchen nicht, vollständig zu sein, weil wir das für den Leser Neue nicht unter dem Bekannten begraben wollen, und wir erwarten, daß er das in diesem Buch Gesagte nötigenfalls mit dem ergänzt, was er schon weiß. Schließlich gebrauchen wir nur ein einziges Maßsystem, und zwar das einfachste. Wir hoffen durch dies alles die Anwendung der Elektrizitätslehre, in welcher die Arbeit der scharfsinnigsten Physiker der letzten hundert Jahre konzentriert ist, zu vereinfachen und dem Leser den Mut zu geben, sie gegebenenfalls ausführlicher zu studieren.

Schärfer gesagt, will dieses Buch drei Dinge:

1. die Diskussionen über elektrische Einheiten abschließen;

2. den Leser auf die schnellste Weise mit dem rationalisierten Maßsystem von Giorgi mit absolutem Volt und Ampere vertraut machen;

3. befürworten, daß der Unterricht in der Elektrizitätslehre von der Schule bis hinauf zur Technischen Hochschule auf den in diesem Buch angegebenen Gedankengang umgeschaltet wird[1].

Beim Zusammenstellen der Umrechnungstabellen § 22 und § 23 konnte ich die Broschüre von Prof. Dr. W. J. D. van Dijck „Over het nut van het denken, rekenen en meten in één maatstelsel" (Über die Zweckmäßigkeit des Denkens, Rechnens und Messens in einem einzigen Maßsystem), Den Haag, N. V. Uitgevers Mij van der Laan & Co., 1948, benutzen.

Wertvolle Vorschläge bezüglich der elektrischen und magnetischen Momente verdanke ich S. A. Schelkunoff von den Bell Telephone Laboratories, New Jersey, U. S. A.

Beim Schreiben dieses Buches konnte ich viel Nutzen ziehen aus Diskussionen, Bemerkungen und Kritik von meinen Kollegen im Forschungslaboratorium der N. V. Philips' Gloeilampenfabrieken in Eindhoven, Niederlande. Besonders zu Dank verpflichtet bin ich Prof. Dr. H. B. G. Casimir, Dr. W. de Groot, P. H. J. A. Kleijnen, Prof. Ir. B. D. H. Tellegen und weiterhin Dr. C. van Heerden und Ir. J. M. van Hofweegen.

Eindhoven, im Frühjahr 1951.

P. Cornelius.

---

[1] Wir gehen in diesem Buch von drei grundlegenden Versuchen aus, die bis jetzt nicht als Ausgangspunkt für die Elektrizitätslehre gebraucht wurden. Ich will natürlich nicht bestreiten, daß auf viele Physiker die Coulombschen oder die Maxwellschen Gesetze als gebräuchliche Ausgangspunkte für die Elektrizitätslehre eine große Anziehungskraft ausüben; für diese Kategorie von Lesern ist der Anhang S. 88 geschrieben, den ich sie zu lesen bitte, bevor sie in der Lektüre dieses Buches fortfahren.

Inhaltsverzeichnis.

Inhaltsverzeichnis.

I. Rein elektrische Gesetze.

§ 1. Einleitung.

Die wichtigsten Gesetze der Elektrizitätslehre können besonders einfach und übersichtlich *zusammengefaßt*[1] werden, wenn man die Anwendung von Strom- und Spannungsmessern kennt und außerdem *das rationalisierte Maßsystem von Giorgi mit absolutem Volt und Ampere anwendet.*

Für die Formulierung der rein elektrischen Gesetze (Beziehungen zwischen ausschließlich elektrischen Größen, also nicht z. B. zwischen mechanischen und elektrischen) *genügt es, das Auftreten von Leitung, Kapazität und Selbstinduktion zu betrachten und zu interpretieren.*

Dieser Tatsachen ist man sich im allgemeinen nicht genügend bewußt. Dieses Buch benutzt diese Tatsachen und vermeidet dadurch verschiedene Schwierigkeiten, die durch die Wahl anderer Lehrmethoden oder durch die Anwendung unpraktischer Einheiten verursacht werden.

Maxwell hat der Theorie der Elektrizität ihre Grundlage gegeben, indem er den Faradayschen Begriff des elektrischen und magnetischen Kraftlinienfeldes mathematisch auf eine Weise behandelte, die sich beim Studium der Flüssigkeitsströmungen ergeben hatte. Nun ist die einfachste Strömung im Gebiet der Elektrizitätslehre Gleichstrom in einem Leiter, wobei wir hauptsächlich der Erscheinung des Ohmschen Widerstandes oder der elektrischen Leitfähigkeit begegnen. Gehen wir auf Wechselstrom über, so treten außerdem noch Kapazität und Selbstinduktion auf. Wir beginnen darum unsere Darstellung mit der Besprechung des Leitwertes und wenden dann die hier sich als zweckmäßig erweisende Beschreibungsweise auf Kapazität und Induktivität an.

A. Grundlegende Gesetze.

§ 2. Leitwert. Ohmsches Gesetz. Das Stromfeld.

Für Leiter (Metalle, Kohle) gilt das Ohmsche Gesetz:

$$I = G \, V \, \dots \text{(A)} \tag{1}$$

[I Strom in Ampere (A); V Spannung in Volt (V); Leitwert G also in A/V (abgekürzt: Siemens (S))].[2, 3]

---

[1] Man kann die Elektrizitätslehre entsprechend der in diesem Buch gefolgten Methode auch als ein geschlossenes Ganzes *aufbauen,* was jedoch den Rahmen dieses Buches überschreitet.

[2] Wir schreiben das Ohmsche Gesetz nicht in der bisher gebräuchlichen Form $V = R \, I \, \dots$ (V); Widerstand R in V/A [abgekürzt Ohm (Ω)], wobei $R = 1/G$ ist, weil wir das Stromfeld in gleicher Weise wie später das elektrische und das magnetische Feld behandeln wollen.

[3] Die Kennzeichen des *Stromes* sind z. B. Wärmeentwicklung in Leitern, magnetische und chemische Vorgänge (Elektrolyse). Die *Spannung* treibt den

Cornelius, Elektrizitätslehre.

Dieses Gesetz können wir mit einem Voltmeter und einem Amperemeter finden, indem wir z. B. an ein gegebenes Drahtstück verschiedene Spannungen legen und die sich ergebenden Ströme messen. G ist unveränderlich, wenn wir die Temperatur des Drahtes konstant halten.

Untersuchen wir verschiedene Drähte auf diese Weise, so finden wir, daß der Leitwert proportional dem Querschnitt und umgekehrt proportional der Länge ist; außerdem ist er bei gleichen Maßen für verschiedene Werkstoffe verschieden.

Um mit all diesen Abhängigkeiten unter den verschiedensten Umständen rechnen zu können, wenden wir einen Kunstgriff an, der darin besteht, daß wir das Ohmsche Gesetz in spezifischen Größen ausdrücken:

$$S = \gamma E \ldots (\mathrm{A/m^2}). \tag{2}$$

In dieser Formel ist S die spezifische Stromstärke, d. h. die Stromstärke je m² Querschnitt; sie wird also in A/m² angegeben. E ist die spezifische Spannung, d. h. die Spannung je m Länge. Diese Größe wird auch „elektrische Feldstärke“ genannt, weil sie eine bestimmende Größe des elektrischen Feldes ist, das im nächsten Kapitel besprochen wird. γ ist der „spezifische Leitwert“ des benutzten Werkstoffes, d. h. der Leitwert bezogen auf die Längeneinheit und auf die Querschnittseinheit. Die Einheit des spezifischen Leitwertes ist also S je m² Querschnitt und mal m Länge, d. h. S/m, da der Leitwert bei größerem Querschnitt des Leiters größer wird, während er bei größerer Länge abnimmt.

Der Zahlenwert von γ hat eine einfache physikalische Bedeutung. Er ist der Leitwert des Einheitswiderstandes[1] (Querschnitt $A = 1\,\mathrm{m^2}$, Länge $s = 1\,\mathrm{m}$; z. B. einfachheitshalber ein Würfel von $1\,\mathrm{m^3}$) aus dem betreffenden Werkstoff bei homogener Strom- und Spannungsverteilung und gemessen zwischen zwei gegenüberliegenden Seiten.

Der Leitwert eines Leiters mit dem konstanten Querschnitt $A \ldots$ (m²) und der Länge $s \ldots$ (m) ist dann:

$$G = \gamma A/s \ldots (\mathrm{S}). \tag{3}$$

Über diese zwei Schreibweisen des Ohmschen Gesetzes können wir noch folgendes sagen:

Wir denken einfachheitshalber an einen geraden Draht von konstantem Querschnitt aus einheitlichem Leitermaterial, an dessen Enden der Plus- und der Minuspol einer Gleichstromquelle angeschlossen sind. Ein Gleichstrom fließt vom Plus- zum Minuspol. Da hier der Strom gleichmäßig über den Querschnitt und die Spannung gleichmäßig über die Länge verteilt sind, ist ohne weiteres ersichtlich, daß das mit spezifischen Größen

---

Strom durch die Leiter oder anders ausgedrückt: Längs eines stromdurchflossenen Leiters tritt ein Spannungsabfall auf. Naheliegend ist der Vergleich mit einer Röhre, durch die Wasser strömt. Die durch einen Querschnitt je Sekunde strömende Wassermenge entspricht der elektrischen Stromstärke; der Druckunterschied zwischen verschiedenen Stellen längs der Röhre entspricht der Spannung.

[1] Der Begriff „Einheitswiderstand“ wird in derselben Weise gebraucht, wie die später angewendeten Begriffe „Einheitskondensator“ und „Einheitsspule“; er deutet auf die Maße.

geschriebene Ohmsche Gesetz Gl. (2) aus dem gewöhnlichen Ohmschen Gesetz Gl. (1) folgt. Wir können dann nämlich in Gl. (1) I durch $A\,S$, V durch $E\,s$ und G durch $\gamma\,A/s$ ersetzen. Wenn wir uns nun deutlich ins Bewußtsein bringen, was wir dabei tun, dann ergibt sich das folgende: Wir messen den Strom und teilen ihn durch den senkrecht auf seiner Richtung stehenden Querschnitt und wir messen den Spannungsabfall in der Stromrichtung und teilen ihn durch die dazugehörige Länge. Dies brauchen wir nicht immer für den ganzen Strom und den zugehörigen gesamten Querschnitt zu tun, und auch nicht für die ganze Spannung und die zugehörige Länge; das Verfahren arbeitet auch richtig, wenn wir es auf beliebig kleine Querschnitte und Längen anwenden. Stets finden wir für denselben Werkstoff dasselbe Verhältnis zwischen Stromdichtheit und Feldstärke.

Darum ist das spezifische Ohmsche Gesetz auch geeignet zur Beschreibung jeder inhomogenen Stromverteilung in metallenen Leitern von willkürlicher Form und beliebiger Materialzusammenstellung. Ist für einen Punkt eines derartigen Leiters die spezifische Spannung bezüglich Größe und Richtung, d. h. die elektrische Feldstärke, gegeben und ist außerdem die Materialzusammenstellung an dem betreffenden Platz bekannt, dann ist auch die spezifische Stromstärke nach Größe und Richtung, d. h. die Stromdichtheit in diesem Punkt durch das Ohmsche Gesetz gegeben.

Wir wollen hierauf noch näher eingehen, weil derselbe Gedankengang, der sich beim Ohmschen Gesetz als selbstverständlich anbietet, sich auch beim elektrischen und magnetischen Feld als fruchtbar erweist. Die Feldgrößen hängen da ebenso einfach mit Strom oder Ladung und Spannung zusammen, wie hier die spezifischen Größen.

Wir versetzen uns in Gedanken nach einem Punkt in einem großen Block aus z. B. Kupfer, durch den in irgend einer Weise Gleichstrom fließt. Wir können dann von diesem Punkt aus in einer beliebigen Richtung, also z. B. nicht in der Stromrichtung, den Spannungsabfall dV längs einer unendlich kleinen Länge ds messen und außerdem den Strom dI durch eine unendlich kleine Fläche dA, die senkrecht auf ds steht[1]. Auch dann gilt das spezifische Ohmsche Gesetz:

$$dI/dA = \gamma\,dV/ds$$

in jeder beliebigen Richtung, falls ds und dA senkrecht aufeinanderstehen.

---

[1] Wir bringen in Gedanken eine von den zwei Anschlußspitzen der Zuleitungen eines Voltmeters nach dem betreffenden Punkt, und die andere im Abstand ds davon. Wir nehmen an, daß das Voltmeter keinen Strom verbraucht und daß die Polarität seiner Anschlüsse angegeben ist. Die Verbindungslinie zwischen den Spitzen gibt die Richtung von ds an, der Ausschlag des Voltmeters ergibt dV, der Sinn wird von $+$ nach $-$ genommen. Wir bringen weiterhin in Gedanken ein unendlich dünnes ebenes Meßplättchen (Isolierplatte mit leitenden Belegungen an beiden Seiten) mit der einseitigen Oberfläche dA nach dem betrachteten Punkt. Die Belegungen sind mit einem Amperemeter verbunden, das keinen Spannungsabfall hat und an dessen Anschlüssen die Polarität angegeben ist. Der Ausschlag des Amperemeters ergibt dI, die Senkrechte auf dA gibt die Richtung von dI/dA an, während der Sinn wieder von $+$ nach $-$ genommen wird. Streng genommen muß der Widerstand des Amperemeters nicht Null sein, sondern unendlich klein und gleich dem Widerstand des Leitermaterials, das durch das Meßplättchen ersetzt wird.

Zusammenfassend definieren wir: Die Feldstärke E in einem Punkt eines stromdurchflossenen Leiters ist die größte da auftretende Spannung je Längeneinheit bezüglich Größe und Richtung (Sinn von $+$ nach $-$).

Die Stromdichte S in einem Punkt eines stromdurchflossenen Leiters ist die größte da auftretende Stromstärke je Flächeneinheit bezüglich Größe und Richtung. Die Richtung von S steht senkrecht auf der Meßfläche mit dem Sinn von $+$ nach $-$, oder, was dasselbe ist, entgegengesetzt dem Bewegungssinn der negativen Ladungen.

Größen, die durch Wert, Richtung und Sinn gekennzeichnet sind, heißen Vektoren. Die Feldstärke E und die Stromdichte S sind also Vektoren. Das spezifische Ohmsche Gesetz ist eine Vektorgleichung, d. h. es gibt außer dem Größenverhältnis auch an, daß E und S dieselbe Richtung und denselben Sinn haben. Das spezifische Ohmsche Gesetz gilt auch für die Komponenten von E und S ($\mathrm{d}V/\mathrm{d}s$ bzw. $\mathrm{d}I/\mathrm{d}A$ im obigen Beispiel) in einer beliebigen, aber für beide gleichen Richtung. Die hier gegebene Definition von E wird in der Vektorrechnung durch die Gleichung $E = -\operatorname{grad} V$ wiedergegeben[1]. Das Minuszeichen weist darauf hin, daß E positiv ist in der Richtung nach niedrigerem Potential (Spannung gegen einen beliebigen Bezugsleiter, z. B. Erdung).

Der Zusammenhang zwischen Spannung $V \dots$ (V) und Feldstärke $E \dots$ (V/m) und derjenige zwischen Stromstärke $I \dots$ (A) und Stromdichte $S \dots$ (A/m²) ergibt sich im homogenen Fall (von Gleichstrom durchflossener Leiter mit der Länge $s \dots$ (m) und dem konstanten Querschnitt $A \dots$ (m²) aus homogenem Material) zu:

$$V = E\,s \ \dots \ \text{(V)}, \tag{4}$$

$$I = S\,A \ \dots \ \text{(A)}. \tag{5}$$

Für inhomogene Fälle wird das:

$$V = \int_{0}^{s} E_{s}\,\mathrm{d}s \ \dots \ \text{(V)}, \tag{6}$$

$$I = \int_{A} S_{n}\,\mathrm{d}A \ \dots \ \text{(A)}. \tag{7}$$

Die Indexe s und n bei E und S bedeuten, daß wir beim Integrieren die Komponenten von E und S in der Richtung von $\mathrm{d}s$, bzw. senkrecht auf $\mathrm{d}A$ nehmen müssen.

Falls keine veränderlichen magnetischen Felder inner- oder außerhalb des Leiters vorhanden sind, hat der mit Hilfe von Gl. (6) bestimmte Spannungswert zwischen zwei Punkten stets dieselbe Größe, auch wenn wir längs ganz beliebiger Wege s von dem einen zu dem anderen Punkt gehen. Ebenfalls hat der mit Hilfe von Gl. (7) bestimmte Stromwert durch eine Fläche, deren geschlossene Randkurve gegeben ist, stets dieselbe Größe, unabhängig davon, wie wir die Form der zu integrierenden Fläche innerhalb der Randkurve wählen. Hierbei nehmen wir an, daß der Strom stationär ist.

Das spezifische Ohmsche Gesetz ist eine Vektorgleichung, die allgemein, d. h. bei homogener und inhomogener Strom-, Spannungs- und Materialverteilung angewendet werden kann. Das gewöhnliche Ohmsche Gesetz gilt ebenfalls allgemein. Wir konnten das spezifische aus dem gewöhnlichen Ohmschen Gesetz entstehen lassen, indem wir in einem homogenen Fall den Wert und die Richtung der spezifischen Größen aus den ursprünglichen Größen ableiteten. Die spezifischen Größen behalten auch dann ihre Bedeutung, wenn wir im homogenen Fall zu unendlich kleinen Maßen übergehen. Bei diesen Maßen, d. h. für einen Punkt, verschwindet der Unterschied zwischen

---

[1] „grad“ Abkürzung für Gradient.

homogen und inhomogen. Daher kann das auf diese Weise abgeleitete spezifische Gesetz auch für inhomogene Fälle gebraucht werden.

Den Vorgang beim Fließen des Stromes in Leitern kann man folgendermaßen beschreiben. Ein elektrischer Gleichstrom ist ein Transport von Ladungen, und zwar werden in Metallen Elektronen, d. h. negative Ladungen transportiert. Diese Ladungen werden in Dynamomaschinen durch das Zusammenwirken von mechanischen Kräften und magnetischen Wirkungen, und in elektrischen Elementen und Akkumulatoren durch chemische Kräfte aus dem Pluspol abgesaugt und im Minuspol angehäuft, wenn keine äußere Verbindung zwischen den Polen besteht. Man sagt dann, daß sich im Pluspol ebensoviel positive Ladungen befinden (d. h. Atome, die zu wenig Elektronen besitzen), wie negative im Minuspol. Entgegengesetzte Ladungen ziehen sich an; verbinden wir die Pole durch einen Leiter, so gehorchen die Elektronen, die sich im Leiter frei bewegen können, dem Zug der Feldstärke längs des Leiters und vereinigen sich wieder mit den auf ihrem Platz im Pluspol gebliebenen positiven Ladungen.

Die Ladungseinheit ist diejenige Elektrizitätsmenge, die durch einen Strom von 1 A in einer Sekunde transportiert wird, also 1 A · sec, auch Coulomb = C genannt.

Ein Elektron hat die negative Ladung

$$e = -1{,}60 \cdot 10^{-19} \ \ldots \text{(C)}. \tag{8}$$

Die Reibung, welche die Elektronen bei ihrer Bewegung durch den Leiter erfahren, ist der Ohmsche Widerstand. Eine Energiequelle, die den Gleichstrom I mit Hilfe der Spannung V durch den Widerstand $R \ldots$ (V/A oder Ohm $= \Omega$) treibt, gibt die Leistung:

$$P = VI = I^2 R = V^2/R \ \ldots \ (\text{V} \cdot \text{A oder Watt} = \text{W}) \tag{9}$$

ab. Die Reibungsarbeit der Elektronen geht als elektrische Energie verloren und wird in Wärme umgesetzt. Die in der Zeit t ... (sec) verbrauchte Energie ist:

$$W = VIt \ \ldots \ (\text{W} \cdot \text{sec}). \tag{10}$$

Eine Wattsekunde wird auch ein Joule $= J$ genannt. Wenn man Gl. (9) und (10) vergleicht, sieht man, daß Leistung mit Energie je Zeiteinheit identisch ist. Das elektrische Wärmeäquivalent ist:

$$1\,\text{W} \cdot \text{sec} = 1\,\text{J} = 2{,}389 \cdot 10^{-4}\,\text{kcal.}[1] \tag{11}$$

Die Strömungsgeschwindigkeit der Elektronen im Leiter ist sehr klein; bei der größten Stromdichtheit, die in der Praxis für Kupfer zugelassen wird (ungefähr $6 \cdot 10^6\,\text{A/m}^2$), ist sie etwa $5 \cdot 10^{-4}\,\text{m/sec}$. Mit dieser Strömungsgeschwindigkeit darf man nicht die Fortpflanzungsgeschwindigkeit eines Einschaltstromstoßes verwechseln, also die Zeit, nach der man am Ende einer Leitung merkt, daß der Strom am Anfang eingeschaltet ist. Diese Geschwindigkeit ist groß und kann gleich der Lichtgeschwindigkeit werden. Auch darf man die mittlere Strömungsgeschwindigkeit der Elektronen, die am Strom in Leitern teilnehmen, nicht mit ihren individuellen Geschwindigkeiten auf ihren Wegen um die verschiedenen Atomkerne herum verwechseln. Diese sind ebenfalls groß, und zwar ungefähr $10^6\,\text{m/sec}$.

Die Gültigkeit des Ohmschen Gesetzes ist elektronenmechanisch bemerkenswert. Die Elektronen nehmen unter dem Einfluß einer bestimmten Feldstärke im Leiter eine konstante mittlere Strömungsgeschwindigkeit an. Daß sie nicht dauernd beschleunigt werden, wird durch die große innere

---

[1] Die Definition des „Comité international des Poids et Mesures" ist: 1 cal = 1/860 Wh, woraus sich Gl. (11) ergibt.

„Reibung" verursacht. In der Mechanik haben wir einen ähnlichen Vorgang bei der Bewegung kleiner Teile in einer zähen Flüssigkeit, wie z. B. von kleinen Stahlkugeln in dickem Öl unter dem Einfluß der Schwerkraft. Eine weitere Bedingung für die Proportionalität von Strom und Spannung ist ein reichlicher Vorrat von freien Elektronen im Leiter. Diese Bedingung ist bei den praktisch vorkommenden Stromdichten stets erfüllt.

Nach dieser Abschweifung wollen wir unseren Hauptgedanken, den Zusammenhang zwischen gewöhnlichen und spezifischen Größen, bei der Kapazität und dem elektrischen Felde weiterführen.

§ 3. Kapazität. Das elektrische Feld.

Das für das Ohmsche Gesetz maßgebende Experiment haben wir mit einem Volt- und einem Amperemeter machen können. Zur Untersuchung des Phänomens der Kapazität müssen wir außerdem noch ein Chronometer benutzen oder an Stelle eines Amperemeters und eines Chronometers ein ballistisches Amperemeter.

Wenn wir einen gegebenen Kondensator auf eine bestimmte Gleichspannung $V \ldots$ (V) aufladen wollen, so können wir das auf verschiedene Weise tun:

    Entweder bringen wir den Kondensator so schnell wie möglich auf die volle Spannung,

    oder wir erhöhen die Spannung langsam, bis der gewünschte Wert erreicht ist.

Achten wir in beiden Fällen auf den Stromverlauf in der Zuleitung, so erhalten wir im ersten Fall einen heftigen, sehr kurzen Stromstoß, während im zweiten Fall ein kleinerer Strom längere Zeit fließt. Wenn der Kondensator die volle Spannung erreicht hat, fließt kein Strom mehr.

Es zeigt sich, daß der Stromstoß (Stromimpuls, Zeitsumme des Stromes) $\int I\, dt$ oder, was auf dasselbe herauskommt, die von der einen Belegung des Kondensators nach der anderen transportierte negative Ladungsmenge $Q \ldots$ (A · sec) konstant ist (s. Abb. 1). Diese Tatsache kann, wie gesagt, besonders einfach auch ohne Zeitmessung mit einem ballistischen Amperemeter festgestellt werden.

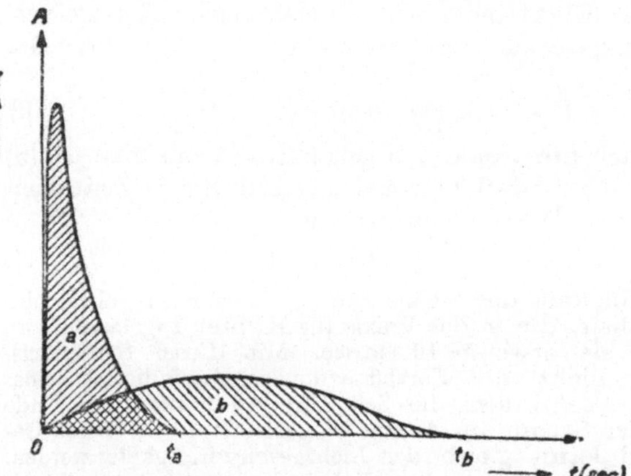

Abb. 1. Verlauf des Stromes I in Abhängigkeit von der Zeit t beim Aufladen eines Kondensators. Im Fall a wird der Kondensator schnell [in $t_a \ldots$ (sec)], im Fall b langsam [in $t_b \ldots$ (sec)] bis zur selben Spannung aufgeladen. Die Fläche a ist gleich der Fläche b.

Nach der Aufladung enthält die eine Belegung ebensoviel positive wie die andere negative Ladung, wenn der Kondensator ursprünglich ungeladen war und weder er noch die Stromquelle geerdet sind. Stellen wir das Experiment mit verschiedenen Spannungen und verschiedenen Kondensatoren an, so ergibt sich, daß für einen bestimmten Kondensator der Stromimpuls stets der Ladungsspannung proportional ist. Wir schreiben

$$Q = C\,V \ldots (\text{A} \cdot \text{sec}), \tag{12}$$

und wir können folglich jedem Kondensator eine bestimmte Kapazität C ...
... [A · sec/V oder Farad (F)] zuschreiben, die angibt, welcher Stromimpuls oder anders gesagt, welche Ladungsmenge für eine Spannungserhöhung von 1 V benötigt wird. Das In-Erscheinungtreten von Kapazität hängt zusammen mit dem Entstehen von elektrischen Feldern und, folgen wir dem Gedankengang von Faraday und Maxwell, so können wir das Phänomen Kapazität folgendermaßen beschreiben:

In einem geladenen Kondensator besteht zwischen den Belegungen ein elektrisches Feld, das die Energie enthält, die für das Aufladen des Kondensators gebraucht wurde, und zwar geht ein elektrischer Fluß Ψ von den Ladungen auf der einen Belegung nach denjenigen auf der anderen.[1]

Die elektrische Energie wird charakterisiert durch das Produkt von Spannung, Strom und Zeit ... (V · A · sec).

Die bei unserem Experiment von 0 bis V ... (V) gestiegene Spannung herrscht noch zwischen den Belegungen. Die durch das Amperemeter mit Chronometer oder durch das ballistische Amperemeter gemessenen Amperesekunden sind dagegen scheinbar verschwunden. Nach der einen Auffassung befinden sie sich als Ladung Q auf den Belegungen, nach der Beschreibungsweise von Faraday und Maxwell sind diese selben Amperesekunden vertreten durch den elektrischen Fluß Ψ zwischen den Belegungen.

Es ist daher naheliegend, festzusetzen, daß

$$\Psi = Q \ldots (\text{A} \cdot \text{sec oder C}). \tag{13}$$

Wir wollen nun so, wie wir beim Ohmschen Gesetz die Vektorgleichung für das Stromfeld abgeleitet haben, auch hier eine Vektorgleichung für das elektrische Feld ermitteln. Wir schreiben zu diesem Zweck die Kapazitätsgleichung (12) mit Hilfe von (13) für den elektrischen Fluß:

$$\Psi = C\,V \ldots (\text{A} \cdot \text{sec}). \tag{14}$$

Als Richtung des Flusses im Kondensator nimmt man ebenso wie beim Strom im Widerstand diejenige von plus nach minus. Das Kapazitätsgesetz gilt für Kondensatoren mit willkürlichen Feldern, also auch für Kondensatoren mit homogenen Feldern. Das sind flache Plattenkon-

---

[1] Den Fluß Ψ eines Kondensators kann man sich vorläufig durch eine Analogie verdeutlichen. Bringe die Belegungen des Kondensators im richtigen Abstand voneinander in ein großes, mit einer leitenden Flüssigkeit gefülltes Gefäß (elektrolytischer Trog) und lege Spannung an die Belegungen. Der Spannungsverlauf in dem entstehenden Stromfeld ist ein genaues Bild des Spannungsverlaufes im elektrischen Feld des Kondensators. Der von der einen zur anderen Belegung fließende Strom ergibt dann bezüglich Verteilung und Richtung eine genaue Abbildung des elektrischen Flusses.

Bei diesem Experiment wird angenommen, daß der Widerstand der Belegungen vernachlässigbar klein ist, so daß kein merkbarer Spannungsabfall dieser Belegungen auftritt.

densatoren mit einem Plattenabstand, der klein ist im Vergleich zu den Maßen der Platten und bei denen der ganze Raum zwischen den Platten, das Dielektrikum, Vakuum oder ein homogenes Material ist.

Nach Aufladung eines derartigen Kondensators sitzen praktisch alle positiven und negativen Ladungen gleichmäßig verteilt auf der Innenseite der Platten und der gesamte Fluß geht in gleichmäßiger Dichte auf dem kürzesten Wege von der positiven zur negativen Platte. Allein am Rand eines derartigen Kondensators ist ein vernachlässigbarer Teil der Ladung und des Flusses inhomogen verteilt.

Messungen an derartigen Kondensatoren zeigen, daß ihre Kapazität proportional der Fläche und dem Kehrwert des Plattenabstandes ist; auch das Dielektrikum hat Einfluß, und zwar ergibt Vakuum als Dielektrikum die kleinste Kapazität.

Formell analog zum Ohmschen Gesetz kann man sagen, daß bei gegebener Spannung der entstehende elektrische Fluß proportional dem durchsetzten Querschnitt ist und daß seine Größe von dem Material, in dem er entsteht, abhängig ist; die zur Erzeugung eines bestimmten elektrischen Flusses benötigte Spannung ist desto höher, je länger der Weg ist, den der Fluß von den positiven zu den negativen Ladungen zurücklegen muß.

Man kann also auch hier das Kapazitätsgesetz Gl. (14) in spezifischer Form schreiben, indem man die bestimmenden Größen des elektrischen Feldes: Spannung und Ladung oder Fluß, auf die Einheiten von Länge und Fläche bezieht:

$$D = \varepsilon\, E \; \ldots \; (\mathrm{A} \cdot \sec/\mathrm{m}^2). \tag{15}$$

In dieser Gleichung ist E die spezifische Spannung, also V/m, auch elektrische Feldstärke genannt. D ist die spezifische Ladung oder der spezifische elektrische Fluß, d. h. die Oberflächenladung oder der Fluß je m² Fläche oder Querschnitt. Diese Größe hat früher, aus noch zu erörternden Gründen (s. S. 12) den Namen „Verschiebungsdichte" bekommen. Wegen der Analogie mit dem später zu besprechenden magnetischen Feld ist die beste Benennung vermutlich „elektrische Induktion". ε ist die spezifische Kapazität, d. h. die Kapazität bezogen auf Flächeneinheit und Längeneinheit. ε wird darum in F je m² Fläche mal m Abstand angegeben, also in F/m (oder A · sec/V · m).

Anders gesagt: So wie sich aus dem allgemeinen Kapazitätsgesetz Gl. (12) oder (14) die Kapazitätseinheit naturgemäß als A · sec je V ergibt, so folgt ebenso selbstverständlich aus dem spezifischen Kapazitätsgesetz Gl. (15) die Einheit für ε als A · sec/V · m (= F/m), da wir nichts anderes getan haben, als die allgemeinen Größen Spannung und Ladung oder Fluß durch die spezifischen Größen Feldstärke und Induktion zu ersetzen. ε wird die „(absolute) dielektrische Konstante" genannt.

Der Zahlenwert von ε hat eine einfache physikalische Bedeutung. Er ist die Kapazität des Einheitskondensators (Plattenfläche $A = 1$ m², Platten-abstand $s = 1$ m, z. B. einfachheitshalber ein Würfel von 1 m³) mit dem betreffenden Dielektrikum, bei homogener Feldverteilung. $\varepsilon \ldots$ (F/m) *ist formell für den elektrischen Fluß, was der spezifische Leitwert* $\gamma \ldots$ (S/m) *für den elektrischen Strom bedeutet.* Dieser Zahlenwert ist also einfach die Ladung des Einheitskondensators bei 1 V. Die Feldstärke im Raum zwischen den Platten ist dann 1 V/m.

Die absolute Dielektrizitätskonstante des Vakuums wird mit ε_0 bezeichnet. R. W. Pohl schlägt vor, diese Größe „Influenzkonstante" zu nennen[1], welchen Namen auch wir weiterhin gebrauchen wollen. Es zeigt sich, daß:

$$\varepsilon_0 = 10^7/4\,\pi\,c^2 \approx 1/36\,\pi \cdot 10^9 \approx 8{,}855 \cdot 10^{-12} \ldots (\mathrm{A} \cdot \sec/\mathrm{V} \cdot \mathrm{m} = \mathrm{F/m}), \quad (16)$$

(c Zahlenwert der Lichtgeschwindigkeit in m/sec $= 2{,}99776 \cdot 10^8$).

Diese Beziehung ist natürlich kein Zufallsergebnis. Die „absoluten" V und A, die wir hier stets gebrauchen, wurden im Anschluß an ältere Einheiten so festgelegt, daß diese Beziehung besteht. Wir werden dies später noch ausführlicher besprechen (§ 12).

Der spezifische Leitwert γ von Leitern wird gewöhnlich für jeden Werkstoff besonders angegeben. Bei der spezifischen Kapazität ε ist es dagegen gebräuchlich, durch eine „relative" Dielektrizitätskonstante ε_r anzugeben, wieviel mal größer die spezifische Kapazität des betreffenden Werkstoffs als die des Vakuums ist (Vakuum hat mit $\varepsilon_r = 1$ die kleinste bekannte spezifische Kapazität). ε_r ist eine unbenannte Zahl, und zwar die von jeher bekannte Materialkonstante, die bis jetzt Dielektrizitätskonstante ohne weiteren Zusatz genannt wurde. Die spezifische Kapazität oder absolute Dielektrizitätskonstante eines beliebigen Materials ist also gleich dem Produkt seiner relativen Dielektrizitätskonstante mit der Influenzkonstante:

$$\varepsilon = \varepsilon_r\,\varepsilon_0 \ldots (\mathrm{F/m}), \quad (17)$$

und wir können an Stelle von Gl. (15) auch schreiben

$$D = \varepsilon_r\,\varepsilon_0\,E \ldots (\mathrm{A} \cdot \sec/\mathrm{m}^2 = \mathrm{C/m}^2), \quad (18)$$

[ε_r unbenannte Zahl; ε_0 s. Gl. (16); $E \ldots$ (V/m)].

Die Kapazität des Einheitskondensators mit homogenem Felde hat den Zahlenwert ε_0 für Vakuum, bzw. $\varepsilon = \varepsilon_r\,\varepsilon_0$ für andere Dielektriken. Für flache Plattenkondensatoren mit homogenem Felde, dem Plattenabstand $s \ldots$ (m) und der einseitigen Plattenfläche $A \ldots$ (m²) ist dann die Kapazität in Vakuum:

$$C = \varepsilon_0\,A/s \ldots (\mathrm{F}), \quad (19)$$

und mit anderen Dielektriken

$$C = \varepsilon\,A/s = \varepsilon_r\,\varepsilon_0\,A/s \ldots (\mathrm{F}). \quad (20)$$

Die Kapazität gegen das Unendliche einer freistehenden leitenden Kugel mit dem Radius $r \ldots$ (m) in Vakuum ist:

$$C = 4\,\pi\,\varepsilon_0\,r \ldots (\mathrm{F}). \quad (21)$$

Die Feldstärke an der Oberfläche einer derartigen Kugel ist Potential durch Radius. Von jedem m² einer Kugel mit dem Radius 1 m, die auf 1 V gegenüber der Umgebung geladen ist, geht ein elektrischer Fluß

---

[1] Pohl, R. W.: Elektrizitätslehre, 13. und 14. Aufl.; Berlin-Göttingen-Heidelberg: Springer-Verlag, 1949.

von ε_0 Coulomb aus; anders ausgedrückt, befindet sich auf jedem m² eine Ladung von ε_0 Coulomb, auf der ganzen Oberfläche also $4\,\pi\,\varepsilon_0$ Coulomb.

Für die Messung von ε gebrauchen wir einen Kondensator mit homogenem Feld. Wir haben erwähnt, daß dazu ein flacher Kondensator geeignet ist, dessen Plattenabstand klein im Vergleich mit den Maßen der Plattenflächen ist. Für genauere Messungen nehme man einen flachen Kondensator mit einem Schutzring (s. Abb. 2). Der ganze Kondensator wird auf dieselbe Spannung geladen, die benötigte Ladung wird jedoch ausschließlich für das isolierte Mittelstück gemessen, bei dem das Feld homogen ist.

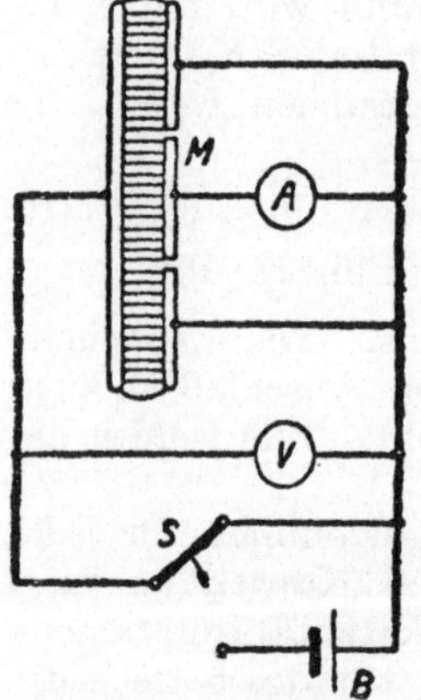

Abb. 2. Flacher Plattenkondensator mit Schutzring. Inhomogenität des Feldes tritt am äußeren Rand auf. Gemessen wird nur die Ladung des Mittelstücks M, bei dem das Feld homogen ist.
A ballistisches Amperemeter; B Batterie; S Schalter zum Laden und Entladen des Kondensators; V Voltmeter.

Entsprechend den beim Ohmschen Gesetz gefolgten Gedankengang behalten die beim homogenen elektrischen Feld definierten spezifischen Größen ihren Sinn, wenn wir in diesem Feld zu unendlich kleinen Maßen übergehen. Es zeigt sich, daß die spezifische Kapazitätsgleichung (15) eine Vektorgleichung ist, die für jeden Punkt eines beliebigen elektrischen Feldes den Zusammenhang zwischen elektrischer Induktion und Feldstärke sowohl für die Größe wie auch für die Richtung angibt. Die Beziehung zwischen der Spannung $V \ldots$ (V) und der elektrischen Feldstärke $E \ldots$

$\ldots$ (V/m), und die zwischen dem elektrischen Fluß $\Psi \ldots$ (A · sec = C) und der elektrischen Induktion $D \ldots$ (A · sec/m² = C/m²) sind im homogenen Fall naturgemäß:

$$V = E\,s \ \ldots \ (\text{V}), \tag{22}$$

$$\Psi = D\,A \ \ldots \ (\text{A} \cdot \text{sec}). \tag{23}$$

Für inhomogene Felder ändern sich diese Formeln in:

$$V = \int_0^s E_s\,\mathrm{d}s \ \ldots \ (\text{V}), \tag{24}$$

$$\Psi = \int_A D_n\,\mathrm{d}A \ \ldots \ (\text{A} \cdot \text{sec}). \tag{25}$$

Die Indexe s und n bedeuten, daß wir beim Integrieren die Komponenten von E und D in der Richtung von $\mathrm{d}s$, bzw. senkrecht auf $\mathrm{d}A$ nehmen müssen.

Was wir ausführlich beim Stromfeld besprochen haben, gilt auch hier sinngemäß: Das spezifische Kapazitätsgesetz Gl. (15) gilt nicht nur für E und D, sondern auch für ihre Komponenten in einer beliebigen, jedoch für beide gleichen Richtung.

In Fußnote 1, S. 3, haben wir angegeben, wie man im Prinzip Größe und Richtung der Feldstärke E und der Stromdichte S im Stromfeld mit Hilfe eines Spannungs- und eines Strommessers bestimmen kann. In entsprechender Weise kann man Größe und Richtung der Feldstärke E und der Induktion D im elektrischen Felde mit Hilfe eines Spannungsmessers und eines ballistischen Strommessers messen, jedoch mit Berücksichtigung folgender Änderungen:

Zur Spannungsmessung zwischen zwei Punkten des elektrischen Feldes mit dem Abstand ds müßte man eigentlich über ein Voltmeter nicht nur ohne Stromverbrauch, sondern auch ohne Kapazität verfügen. Um die letzte Bedingung zu umgehen, kann man als Anschlußspitzen des Voltmeters Glühdraht-, Flammen-, Tropfen- oder radioaktive Sonden benutzen, was in der Praxis dann auch geschieht.

Zur Messung des durch eine Fläche ΔA tretenden elektrischen Flusses benutzt man die Ladungstrennung durch Influenz. Man bringt zwei gleiche flache, ungeladene Metallplättchen, deren Fläche ΔA beträgt und deren Dicke vernachlässigbar klein ist, im elektrischen Feld an der betreffenden Stelle zur Deckung, entfernt sie voneinander, bringt sie an einen feldfreien Platz und mißt den Stromstoß $\int I \, dt$, der bei der Verbindung beider Plättchen durch ein ballistisches Amperemeter auftritt. Stehen die Plättchen beim Berühren senkrecht zur Richtung des Flusses, so erhält man den maximalen Stromstoß, der für die betreffende Stelle gefunden werden kann; allein in diesem Fall wird das Feld nicht verzerrt; die Größe von D ist $\left(\int I \, dt\right)_{\max}/\Delta A$, die Richtung von D steht senkrecht auf den Plättchen, und zwar vom negativ zum positiv geladenen.

Die strenge Definition von D lautet:

$$D = \lim_{\Delta A \to 0} \left(\int I \, dt\right)_{\max}/\Delta A.$$

Wenn keine sich verändernden magnetischen Felder anwesend sind, hat die nach Gl. (22) oder (24) ermittelte Spannung zwischen zwei Punkten einen eindeutigen Wert, unabhängig davon, auf welchem beliebigen Wege s wir von dem einen zu dem anderen Punkt gelangen. Ebenso hat auch, wenn sich keine Ladungen im Feld befinden, der mit Hilfe von Gl. (23) oder (25) beschriebene Fluß durch eine Fläche, deren Randkurve gegeben ist, einen eindeutigen Wert, unabhängig von der Form der zu integrierenden Fläche innerhalb der Randkurve.

Die elektrische Energie, die bei der Aufladung einem Kondensator zugeführt wird, geht nicht verloren; sie kann beim Entladen zurückgewonnen werden. Da die Spannung am Kondensator beim Aufladen proportional der zugeführten Ladung steigt, ist die mittlere Spannung während der Aufladung die Hälfte der schließlich erreichten. Daher ist die aufgespeicherte elektrische Energie eines auf $V \ldots$ (V) mit Hilfe von $Q \ldots$ (C) geladenen Kondensators der Kapazität $C \ldots$ (F):

$$W = \tfrac{1}{2} V Q = \tfrac{1}{2} C V^2 = \tfrac{1}{2} Q^2/C \ldots (\text{W} \cdot \text{sec}). \tag{26}$$

Die räumliche Energiedichte (Energie je Volumeneinheit) im elektrischen Feld wird dementsprechend:

$$\tfrac{1}{2} E D = \tfrac{1}{2} \varepsilon E^2 = \tfrac{1}{2} D^2/\varepsilon \ldots (\text{W} \cdot \text{sec}/\text{m}^3). \tag{27}$$

Formell bedeutet das Kapazitätsgesetz in der allgemeinen oder in der spezifischen Form für den elektrischen Fluß dasselbe wie das Ohmsche Gesetz für den elektrischen Strom. Hier treibt die Spannung den Strom durch den Leiter, da erzeugt sie den Fluß im Dielektrikum. In dem einen Fall bestimmt der Leitwert die Größe des Stromes, in dem anderen die Kapazität die Größe des Flusses. Ein für praktische Messungen unangenehmer Unterschied ist jedoch, daß wir wohl Isolatoren für den Strom, aber nicht für den elektrischen Fluß kennen; Vakuum hat z. B. in dieser Betrachtungsweise den spezifischen Leitwert Null für den Strom, jedoch ε_0 für den elektrischen Fluß. ε_0 ist der kleinste bekannte Wert. Es wird also im allgemeinen schwieriger sein, den Weg des elektrischen Flusses zu bestimmen, als den des elektrischen Stromes, dem wir den Weg in isolierten Leitern ohne Schwierigkeiten vorschreiben können. Doch kennen wir auch Stromverteilungen, die denen des Flusses gleichen, wenn wir z. B. unter Spannung stehende oder stromdurchflossene Leiter in praktisch nicht begrenzte, weniger gut leitende Stoffe legen (z. B. Straßenbahnschienen im Boden, elektrolytischer Trog). Daher kann man Probleme des elektrischen Feldes zuweilen besonders einfach behandeln, wenn man sich vorstellt, wie das entsprechende Problem im Stromfeld gelöst werden könnte.

In Wirklichkeit ist elektrischer Fluß etwas anderes als Strom: Beim ersteren fließt nichts. Bei materiellen Dielektriken in einem Kondensator kennen wir zwei Phänomene, die beim Aufladen des Kondensators auftreten. In einem Fall besitzen die Moleküle des materiellen Dielektrikums ursprünglich keine getrennten Ladungen; ihre Elektronen werden dann in die Richtung der positiven Kondensatorplatte gezogen. Sie verschieben sich etwas innerhalb des Moleküls, aber wandern nicht von einem Molekül zum andern, wie die Elektronen in einem Leiter. Jedes Molekül wird „polarisiert", d. h. das Molekül wird an der Seite der Elektronenaufhäufung negativ und an der Seite der Elektronenverarmung positiv, es wird ein „Dipol".

Im anderen Fall sind die Moleküle ursprünglich schon polarisiert, aber sind beliebig gerichtet, so daß die Felder der molekulären Dipole einander neutralisieren. Beim Aufladen des Kondensators werden diese Dipole etwas in die Richtung des Feldes gedreht, so daß die negativen Enden im Mittel mehr als zuerst nach der positiven Platte und die positiven Enden mehr nach der negativen Platte zeigen. Dadurch wird bei derselben Kondensatorspannung die auf den Platten befindliche Ladung oder der im Kondensator bestehende Fluß im Vergleich mit Vakuum vergrößert.

Was beim Aufladen eines Vakuumkondensators im Dielektrikum geschieht, wissen wir nicht. Maxwell stellte sich vor, daß der unzusammendrückbare „Äther" durch Anhäufung von Ladungen ein wenig nach der anderen Platte hin verschoben wird (daher der Name „Verschiebungsdichte" für D).

Da derartige Vorstellungen zuweilen Gedankengänge anregen, die nicht mit der Wirklichkeit übereinstimmen, vermeidet man gegenwärtig lieber das Wort Äther und hält sich an die aus Experimenten abgeleiteten Formeln, ohne sich viel dabei vorzustellen. Wie dem auch sei, wir können mit den aus Strom- und Spannungsmessungen abgeleiteten Feldgrößen D und E auch im Vakuum rechnen und zu richtigen Schlußfolgerungen kommen, unabhängig davon, ob sich wirklich im Raume zwischen den Platten eines geladenen Vakuumkondensators etwas verändert hat, oder ob der Begriff elektrisches Feld ausschließlich eine einfache Sprech- und Rechenweise ermöglicht, bei der die Ladungen auf den Platten das einzig Wirkliche bilden.

Ladungen gibt es nicht nur auf oder in Leitern, sondern auch frei im Raume, z. B. in Verstärkerröhren. Für die Beschreibung dieser Fälle benutzt man den Begriff räumliche Ladungsdichte $\varrho \ldots$ (C/m³), d. h. die spezifische Ladung oder die Ladung je Volumeneinheit (m³). Sind die Ladungen in homogener Dichte im Raum verteilt, dann ist die ganze Ladung Q, die sich in einem bestimmten Volumen $V \ldots$ (m³) befindet, naturgemäß:

$$Q = \varrho\, V \ldots \text{(C)}. \tag{28}$$

Bei inhomogener Ladungsverteilung wird das:

$$Q = \int_V \varrho\, \mathrm{d}V \ldots \text{(C)}. \tag{29}$$

Dem bei Gl. (13), S. 7, Gesagten zufolge entspringt aus einer positiven Ladungsmenge Q ein elektrischer Fluß $\Psi = Q \ldots$ (C), der bei der negativen Ladungsmenge Q verschwindet. Umgeben wir nun eine positive Ladungsmenge Q mit einer räumlich geschlossenen Fläche $A \ldots$ (m²), so tritt der gesamte Fluß Ψ durch diese Fläche von innen nach außen. Mit D als Fluß je Flächeneinheit ergibt sich im homogenen Fall

$$\int_A D_n \, \mathrm{d}A = Q = \varrho \, V \ldots \text{(C)}. \tag{30}$$

Wenn wir in diesem Fall $\int D_n \, \mathrm{d}A$ auf die Einheit des umschlossenen Volumens beziehen, indem wir links und rechts durch V teilen, und wenn wir weiterhin V unendlich klein werden lassen, so sind wir zum mathematischen Begriff Divergenz (div) übergegangen:

$$\operatorname{div} D = \lim_{V \to 0} \left(\int D_n \, \mathrm{d}A \right) / V \ldots \text{(C/m}^3\text{)}, \tag{31}$$

und wir erhalten aus Gl. (30) den Zusammenhang zwischen der elektrischen Induktion und der Ladungsdichte in der Ausdrucksweise der Vektorrechnung:

$$\operatorname{div} D = \varrho \ldots \text{(C/m}^3\text{)}. \tag{32}$$

Im homogenen Fall kann Gl. (30) mit Hilfe von Gl. (32) auch als

$$\int_A D_n \, \mathrm{d}A = V \operatorname{div} D \ldots \text{(C)} \tag{33}$$

geschrieben werden. Ist die Ladungsdichte inhomogen über das Volumen V verteilt, so erhalten wir

$$\int_A D_n \, \mathrm{d}A = \int_V \mathrm{d}V \operatorname{div} D \ldots \text{(C)}. \tag{34}$$

Die in Gl. (34) ausgedrückte Tatsache, daß das geschlossene Flächenintegral eines Vektors gleich dem über das umschlossene Volumen integrierten Raumintegral seiner Divergenz ist, wird in der Vektorrechnung Satz von Gauß genannt.

§ 4. Induktivität. Das magnetische Feld.

Den grundlegenden Versuch bezüglich der Induktivität können wir mit einem Amperemeter, einem Voltmeter und einem Chronometer machen oder an Stelle des Voltmeters und des Chronometers mit einem ballistischen Voltmeter.

Wenn wir durch eine Luftspule, d. h. eine Spule ohne Eisenkern, mit vernachlässigbar kleinem Widerstand einen bestimmten Strom hindurchschicken wollen, dann können wir das auf verschiedene Weisen erreichen:

Entweder bringen wir den Strom in möglichst kurzer Zeit auf den vollen Wert;

oder wir lassen ihn langsam ansteigen, bis der gewünschte Wert erreicht ist.

Beobachten wir in beiden Fällen den Spannungsverlauf zwischen den Spulenanschlüssen, so bemerken wir im ersten Fall einen heftigen Spannungsstoß sehr kurzer Dauer, im zweiten dagegen eine kleinere Spannung, die längere Zeit bestehen bleibt. Diese Erscheinung heißt Selbstinduktion.

Wenn der gewünschte Strom erreicht ist, steht keine Spannung mehr zwischen den Spulenanschlüssen. Es ergibt sich, daß in beiden Fällen der Spannungsstoß (Spannungsimpuls, Zeitsumme der Spannung) $\int V \, \mathrm{d}t$

konstant ist (s. Abb. 3). Das kann, wie gesagt, besonders einfach mit einem ballistischen Spannungsmesser festgestellt werden.

Machen wir diesen Versuch mit verschiedenen verlustfreien Luftspulen, so zeigt sich, daß für eine bestimmte Spule der Spannungsstoß stets dem Endwert des Stromes proportional ist. Wir können daher jeder dieser Spulen eine bestimmte Induktivität $L \ldots$ [V · sec/A, auch Henry (H) genannt] zuschreiben, die angibt, welcher Spannungsstoß für eine Stromerhöhung von 1 A nötig ist:

$$L = (\int_0^t V \, dt)/I \ldots \text{(H)}. \tag{35}$$

Selbstinduktion hängt mit dem Auftreten magnetischer Felder zusammen, und wenn wir dem Gedankengang Faradays und Maxwells folgen, können wir die Erscheinung der Selbstinduktion folgendermaßen beschreiben:

Ein Strom wird durch ein magnetisches Feld umgeben, welches die für das Anlaufen des Stromes angewendete elektrische Energie sammelt. Die elektrische Energie ist durch das Produkt $V I t \ldots$ $\ldots$ (V · A · sec) gegeben und weil die grundlegenden Betrachtungen für Spulen mit nur einer Windung besonders übersichtlich werden, wollen wir uns zunächst auf diese beschränken.

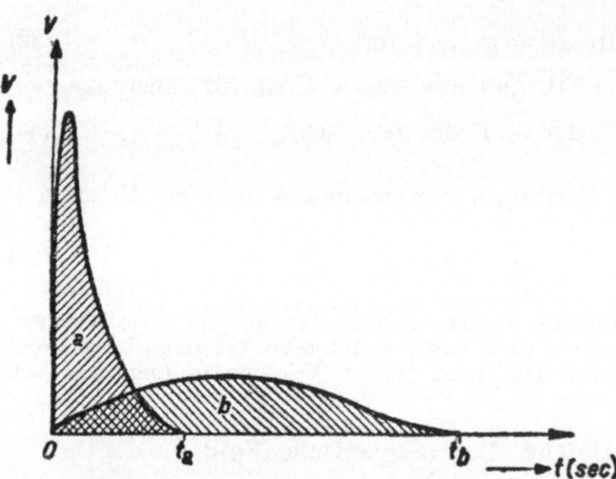

Abb. 3. Verlauf der Spannung V in Abhängigkeit von der Zeit t beim Anlaufen des Stromes in einer verlustlosen Luftspule. Im Fall a wird der Strom schnell in $[t_a \ldots \text{(sec)}]$, im Fall b langsam [in $t_b \ldots$ (sec)] auf denselben Wert gebracht. Die Fläche a ist gleich der Fläche b.

Der bei unserem Versuch von 0 bis zum Wert I ... (A) erhöhte Strom fließt durch die Spule und kann auf dem Amperemeter abgelesen werden. Die vom ballistischen Voltmeter gemessenen Voltsekunden sind nicht mehr zu sehen und werden repräsentiert durch den magnetischen Fluß Φ ... [V · sec, auch Weber (Wb) genannt], der sich um den Strom schließt, und zwar ist für eine einzige Windung

$$\Phi = L I \ldots \text{(Wb)}. \tag{36}$$

Die Richtung des Flusses in einer stromdurchflossenen Spule kann man z. B. mit einer Magnetnadel feststellen, und zwar nimmt man diejenige Richtung, in welche der Nordpol der Magnetnadel zeigt[1]. Zur Ermittlung

---

[1] Der meistens blau gefärbte Nordpol der Magnetnadel ist dasjenige Ende, das in unbeeinflußtem Zustand nach dem geographischen Norden der Erde zeigt.

der Flußrichtung bei gegebener Stromrichtung kann man sich die Rechtehandregel merken: Lege die rechte Hand so auf den Leiter, daß die Finger
in die Richtung des Stromes weisen, so gibt der gespreizte Daumen die
Flußrichtung *unter* dem Leiter an. Legen wir also die Hand *auf* die Spule,
so bekommen wir die Flußrichtung *in* der Spule.

Wir betrachten nun eine lange Spule, die aus einer einzigen Windung
besteht und die durch einen breiten Metallstreifen gebildet wird (s. Abb. 4).
Die Breite dieses Streifens, d. h.
die Länge s ... (m) der Spule,
muß groß sein im Vergleich zu
den Maßen des Luftquerschnitts,
den der Streifen umgibt, d. h.
die Windungsfläche A ... (m²).
In dieser Spule ist das bei Strom-
durchfluß entstehende magnetische Feld nahezu homogen,
während seine Stärke im Raume
außerhalb der Spule, wo es
sich schließt, vernachlässigbar
klein ist. Daher wird praktisch
die ganze „magnetomotorische

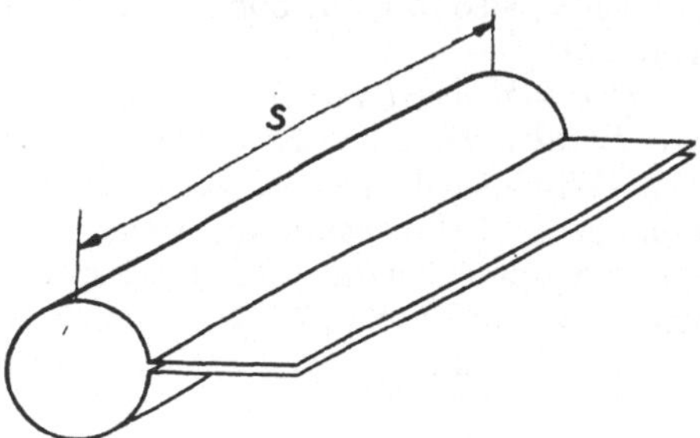

Abb. 4. Einwindungsspule, die durch einen breiten
Metallstreifen gebildet wird. Die Breite des Streifens
ist die Länge s der Spule.

Kraft" ... (A) des umschlossenen Stromes[1] gebraucht, um den magnetischen
Fluß durch die Länge der Spule zu treiben.

Versuche mit derartigen Spulen erweisen, daß ihre Induktivität
proportional der Windungsfläche und dem Kehrwert der Spulenlänge ist.
In formeller Analogie zum Ohmschen Gesetz kann man sagen, daß im
homogenen Fall der entstehende magnetische Fluß dem zur Verfügung
stehenden Querschnitt proportional ist, während die zur Erzeugung eines
bestimmten Flusses nötige Stromstärke desto größer sein muß, je länger
der vom Fluß in der Spule zurückzulegende Weg ist. Hierbei kann auch
von Einfluß sein, ob der Raum in und um die Spule (das Magnetikum)
Vakuum oder Materie ist.

Man kann also auch hier das Induktivitätsgesetz Gl. (36) in spezifischer
Form schreiben, indem man die bestimmenden Größen des magnetischen
Feldes, nämlich den vom Fluß umschlossenen, als magnetomotorische
Kraft aufgefaßten Strom und den Fluß, auf die Längen-, bzw. die
Flächeneinheit bezieht:

$$B = \mu H \ \ldots \ (\text{V} \cdot \text{sec/m}^2 \ \text{oder} \ \text{Wb/m}^2). \tag{37}$$

Hierin ist H die spezifische magnetomotorische Kraft, die naturgemäß
in A/m gemessen wird, und zwar in Richtung des Flusses[2]. B ist der spe-

---

[1] Diese Bezeichnung wird hier in Analogie zur „elektromotorischen Kraft"
(= Spannung) gebraucht. So wie eine Spannung den elektrischen Fluß
zwischen den Platten eines Kondensators entstehen läßt, so verursacht hier
der Strom einen magnetischen Fluß um den Leiter herum.

[2] H wird magnetische Feldstärke genannt. Man lasse sich jedoch nicht
verleiten, das Wort „Feldstärke" automatisch mit der Vorstellung von mechanischen Kräften zu verbinden. Das könnte nämlich für das magnetische Feld
zu verkehrten Auffassungen leiten. Vgl. Gl. (71) auf S. 28.

zifische magnetische Fluß, auch magnetische Induktion genannt, dessen Einheit folglich Wb/m² ist und der auf eine zur Richtung des Flusses senkrechte Fläche bezogen ist, während als seine Richtung die des Flusses gilt. H und B sind also Vektoren und die spezifische Form Gl. (37) der Induktivitätsgleichung ist eine Vektorgleichung. μ ist die spezifische Induktivität, d. h. die Induktivität bezogen auf die Flächen- und die Längeneinheit. μ wird daher in H je m² Querschnitt und mal m Länge gemessen, also in H/m oder V · sec/A · m. μ wird „(absolute) Permeabilität" genannt.

Der Zahlenwert von μ hat eine einfache physikalische Bedeutung. Er ist die Induktivität der „Einheitsspule" (eine Windung von 1 m Länge und 1 m² Windungsfläche; z. B. einfachheitshalber ein Würfel von 1 m³) bei homogener Feldverteilung, wenn der Einfluß des Flußrücklaufs außen um die Spule herum auf die Induktivität vernachlässigt werden kann, vgl. z. B. Abb. 5, S. 17. $\mu \ldots$ (H/m) *ist formell für den magnetischen Fluß, was $\varepsilon \ldots$ (F/m) für den elektrischen Fluß und was $\gamma \ldots$ (S/m) für den Strom bedeutet.*

Dieser Zahlenwert ist also einfach der Fluß durch die Einheitsspule bei einem Strom von 1 A. Dieser Wert kann beim Einschalten des Stromes als Spannungsstoß $\int V \, dt$ gemessen werden. Die Feldstärke H in der Spule ist dann 1 A/m.

Die absolute Permeabilität des Vakuums wird als μ_0 bezeichnet. R. W. Pohl gebraucht hierfür den Namen „Induktionskonstante" (s. Fußnote 1, S. 9; a. a. O., S. 77), welche Bezeichnung auch wir weiterhin gebrauchen wollen. Es zeigt sich, daß

$$\mu_0 = 4\,\pi/10^7 \approx 1{,}257 \cdot 10^{-6} \ldots (\text{V} \cdot \text{sec/A} \cdot \text{m} = \text{H/m}). \tag{38}$$

μ_0 hat natürlich nicht zufällig diesen Wert. Die „absoluten" Volt und Ampere, die wir hier stets benutzen, sind im Anschluß an ältere Einheiten so festgelegt worden, daß dieser Zusammenhang besteht. Wir werden hierauf später noch zurückkommen (S. 33).

Die Induktivität einer Spule kann einen anderen Wert bekommen, wenn das Magnetikum an Stelle von Vakuum durch einen anderen Stoff ersetzt wird. Durch die „relative" Permeabilität μ_r gibt man an, mit welchem Faktor μ_0 multipliziert werden muß, um die spezifische Induktivität des betreffenden Werkstoffes zu finden. Für Vakuum ist μ_r naturgemäß 1. Für einen willkürlichen Werkstoff ist also

$$\mu = \mu_r \mu_0 \ldots (\text{H/m}), \tag{39}$$

und wir können dann an Stelle von Gl. (37) auch schreiben:

$$B = \mu_r \mu_0 H \ldots (\text{Wb/m}^2), \tag{40}$$

$[\mu_r$ Zahl; μ_0 s. Gl. (38); $H \ldots$ (A/m)].

Aus der Induktivität der Einheitsspule mit homogenem Feld (Zahlenwert μ_0, bzw. $\mu_r \mu_0$) folgt für lange Spulen aus einer einzigen Windung mit anderen Längen $s \ldots$ (m) und anderen Windungsflächen $A \ldots$ (m²) für Vakuum:

$$L = \mu_0 A/s \ldots (\text{H}), \tag{41}$$

und für andere Magnetika:

$$L = \mu\, A/s = \mu_r\,\mu_0\, A/s \dots (\text{H}).\qquad(42)$$

Für mehr Windungen s. Gl. (49), S. 20.

Bei einer langen Spule ist das Feld in einem großen Teil der Länge praktisch homogen, jedoch an den Enden inhomogen. Für genauere Messungen können wir die Homogenität des zu untersuchenden Teiles verbessern, indem wir das Mittelstück einer langen Spule vom Rest durch eine schmale Isolierung trennen und nur den am Mittelstück auftretenden Spannungsstoß beim Einschalten des zugehörigen Stromes messen. Dazu muß jedem Teil der Spule ein seiner Länge entsprechender Strom zugeführt werden. Alle Ströme werden gleichzeitig ein- und ausgeschaltet (s. Abb. 5). Der Einfluß des Rückweges des Flusses wird kleiner, je länger die Spule im Vergleich zu ihren Quermaßen ist. Wird das Innere der Spule mit einem Stoff, dessen relative Permeabilität μ_r beträgt, gefüllt, dann muß auch die Spule etwa μ_r-mal länger werden, um dieselbe Meßgenauigkeit wie in Luft zu erzielen.

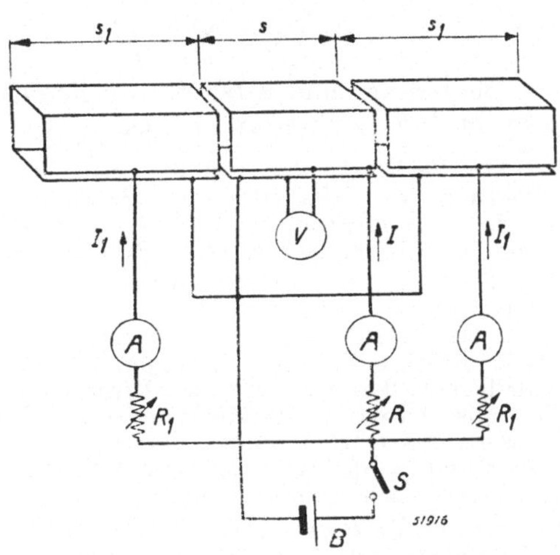

Abb. 5. Einwindungsspule mit Verlängerungsspulen. Inhomogenität des Feldes tritt an den Enden auf. Man mißt nur den Spannungsimpuls des Mittelstücks, bei dem das Feld homogen und seine Stärke I/s ist. A Amperemeter; B Batterie; R und R_1 Regelwiderstände, um I_1/s_1 gleich I/s zu machen; S Schalter zur Ein- und Ausschaltung der Ströme I und I_1; V ballistisches Voltmeter ohne Stromverbrauch.

Entsprechend dem beim Stromfeld und beim elektrischen Feld gefolgten Gedankengang behalten die im homogenen magnetischen Feld definierten Größen ihren Sinn, wenn man in diesem Feld zu unendlich kleinen Maßen übergeht. Die spezifische Induktivitätsgleichung (37) erweist sich dann als Vektorgleichung, die für jeden Punkt eines willkürlichen magnetischen Feldes den Zusammenhang zwischen magnetischer Feldstärke und Induktion angibt, und zwar nicht nur für die Größe, sondern auch für die Richtung.

Der Zusammenhang zwischen der magnetomotorischen Kraft des gesamten durch den magnetischen Fluß umfaßten Stromes $I \dots$ (A), d. h. in technischer Ausdrucksweise die Amperewindungen, und der magnetischen Feldstärke $H \dots$ (A/m), und der zwischen dem magnetischen Fluß $\Phi \dots$ (Wb) und der magnetischen Induktion $B \dots$ (Wb/m²) ist im homogenen Fall [lange Spule mit der Windungsfläche $A \dots$ (m²) und der Länge $s \dots$ (m), bei welcher der Strom gleichmäßig über die Länge verteilt ist] naturgemäß:

$$I = H\,s \dots (\text{A}),\qquad(43)$$

da für den Rückweg des Flusses außen um eine lange Spule herum eine vergleichsweise zum Weg in der Spule vernachlässigbar kleine magnetomotorische Kraft gebraucht wird, und

$$\Phi = B A \ \dots \ \text{(Wb)}. \tag{44}$$

Für inhomogene Fälle erhält man:

$$I = \oint H_s \, ds \ \dots \ \text{(A)}, \tag{45}$$

$$\Phi = \int_A B_n \, dA \ \dots \ \text{(Wb)}. \tag{46}$$

Die Indexe s und n bezeichnen die Vektorkomponenten in der Richtung von ds, bzw. senkrecht auf dA.

Die Feldstärke H und die Induktion B können bezüglich Größe und Richtung im Prinzip entsprechend demselben Gedankengang gemessen werden, der in Fußnote 1, S. 3, für E und S im Stromfeld, und auf S. 11 für E und D im elektrischen Feld angegeben wurde. Als Abtastinstrument für die magnetomotorische Kraft (magnetische Spannung $\int H_s \, ds$, Einheit Ampere) zwischen zwei Punkten des magnetischen Feldes mit dem Abstand ds kann ein magnetischer Spannungsmesser nach Rogowski dienen; s. z. B. R. W. Pohl, s. Fußnote 1, S. 9, a. a. O., S. 80—83. Dieser besteht aus einer sehr langen, flachen, auf einen Riemen in zwei Lagen gewickelten Spule mit den Anschlüssen in der Mitte der oberen Lage. Als Abtastinstrument für die Messung des magnetischen Flusses durch eine Fläche dA dient eine flache Drahtwindung, die diese Fläche umschließt. In beiden Fällen wird das Abtastinstrument nach der zu messenden Stelle des Feldes gebracht und dann schnell aus dem Feld gezogen; der entstehende Spannungsstoß $\int V \, dt$ wird mit einem ballistischen Voltmeter gemessen. Der magnetische Spannungsmesser gibt hierbei die magnetische Spannung zwischen denjenigen zwei Punkten des Feldes an, an denen sich seine zwei Enden befanden. Die magnetische Spannung ergibt sich aus dem betreffenden Spannungsstoß durch Multiplizieren mit der Konstanten des Spannungsmessers; der magnetische Fluß ist gleich dem entsprechenden Spannungsstoß. Für die Messung von H und B müssen wir ds bzw. dA so drehen, daß der größte Spannungsstoß auftritt. Die Richtung von H ist dann gleich der von ds, und die von B senkrecht auf dA. Der Sinn von H und B kann aus der Polarität des betreffenden Spannungsstoßes abgeleitet werden.

Die Messung der magnetischen Spannung nach Rogowski wird aus praktischen Gründen als Impulsmessung einer offenen Spannung ausgeführt. Setzen wir eine Rogowski-Spule mit vernachlässigbarem Widerstand voraus, die durch ein widerstandsloses Amperemeter kurzgeschlossen ist, so ließe sich auf diese Weise die magnetische Spannung auch unmittelbar in Kurzschluß-Amperewindungen messen.

Wir können die Prinzipien obiger Meßmethoden zur Definition von B und H gebrauchen. Nennen wir die Fläche der Meßwindung ΔA, so ist B definiert als $\lim_{\Delta A \to 0} (\int V \, dt)_{\max} / \Delta A$, mit der Richtung von B senkrecht auf ΔA. Der Sinn ist so, daß B mit der Drehrichtung der erzeugten Spannung, die von $+$ durch das Voltmeter nach $-$ gerechnet wird, eine Linksschraube bildet, wenn man die Meßwindung im Gegensatz zum oben gesagten von einer feldfreien Stelle auf den zu messenden Punkt des Feldes bringt.

Für die Definition von H können wir uns an Stelle der Rogowski-Spule einfacher eine lange Einwindungsspule (s. Abb. 4, S. 15) vorstellen, deren Querschnittsdurchmesser klein im Vergleich zur Länge Δs ist. Das Material der Spule wird ebenso wie ein die Spule kurzschließendes Amperemeter widerstandslos gedacht. Wir bringen die Spule von einer feldfreien Stelle auf den zu messenden Punkt des Feldes; hierbei entsteht ein Dauerstrom I, dessen Größe von der Lage der Spule abhängt. H ist definiert als $\lim\limits_{\Delta s \to 0} I_{max}/\Delta s$.

Die Richtung von H ist die zugehörige Achsenrichtung der Spule, mit einem solchen Sinn, daß H mit der Drehrichtung von I eine Linksschraube ergibt.

Es sei noch erwähnt, daß bei einer gedachten Feldstärkenmessung in einem Magnetikum mit Hysteresis die Einwindungsspule nicht mit diesem Magnetikum gefüllt sein darf, sondern leer bleiben muß. Andernfalls würde man die Koerzitivkraft des Magnetikums und nicht die gesuchte Feldstärke messen.

Zwischen dem magnetischen Feld und dem Strom- und dem elektrischen Feld bestehen gewisse Unterschiede. Bei den letzteren ergibt das geschlossene Linienintegral $\oint E_s\,ds$ null, wenn keine veränderlichen magnetischen Felder anwesend sind. Zwischen den benachbarten Enden eines Drahtringes tritt beispielsweise im elektrischen Feld keine Spannung auf, während ein in der Richtung der Feldstärke ausgestreckter Draht am einen Ende positiv und am anderen Ende negativ geladen erscheint. Biegen wir dagegen in Analogie mit dem Drahtring im elektrischen Feld ein Stück Eisen um einen von Gleichstrom durchflossenen Draht, so wird das eine der benachbarten Enden nord-, das andere südmagnetisch. Außerdem muß man darauf achten, daß Gl. (45) für eine einzige Umfassung des Stromes gilt. Eine mehrfache Umfassung ergibt auch den mehrfachen Betrag des geschlossenen Linienintegrals $\oint H_s\,ds$. Beachtet man dies, so hat bei Abwesenheit veränderlicher elektrischer Felder das geschlossene Linienintegral denselben Wert unabhängig von der Form und der Länge des Weges. Wird in diesem Fall kein Strom umfaßt, so ist der Wert dieses Integrals null.

Für den magnetischen Fluß gilt dasselbe wie beim elektrischen Fluß und beim Strom: In einem bestimmten Feld ist der durch eine geschlossene Randkurve gehende Fluß durch Gl. (46) gegeben, unabhängig davon, welche Form wir der zu integrierenden Fläche innerhalb der Randkurve geben.

Die elektrische Energie, die beim Anlaufen eines Stromes durch eine Spule aufgewendet wird, geht nicht verloren; sie kann beim Unterbrechen des Stromes wieder gewonnen werden. Da der Strom durch die Spule proportional dem angewendeten Spannungsstoß steigt, ist der mittlere Strom die Hälfte des schließlich erreichten. Für eine vom Strom I durchflossene Einwindungsspule mit der Induktivität $L \ldots$ (H) ist die aufgespeicherte magnetische Energie, welche aus der zugeführten elektrischen Energie stammt:

$$W = \tfrac{1}{2} I\,\Phi = \tfrac{1}{2} L\,I^2 = \tfrac{1}{2}\,\Phi^2/L \ldots \text{(W · sec)}. \tag{47}$$

Die räumliche Energiedichte im magnetischen Feld wird dementsprechend:

$$\tfrac{1}{2} H\,B = \tfrac{1}{2}\,\mu\,H^2 = \tfrac{1}{2}\,B^2/\mu \ldots \text{(W · sec/m}^3\text{)}. \tag{48}$$

Für Spulen mit mehreren Windungen geht man am einfachsten von einer Einwindungsspule derselben Form aus. Wir denken uns beispielsweise den Leiter der langen Einwindungsspule von Abb. 4, S. 15, durch eine Anzahl sehr dünner Schnitte senkrecht zur Spulenachse in n isolierte Windungen geteilt. Schalten wir diese Windungen parallel, so merken wir keinen Unterschied mit der Einwindungsspule. Beim selben Strom I entsteht derselbe Fluß Φ; der beim Einschalten auftretende Spannungsstoß und damit die Induktivität L sind in beiden Fällen gleich groß.

Schalten wir nun die n Windungen in Serie und schicken wir den Strom $I_n = I/n$ durch die Spule, so fließt durch jede Windung derselbe Strom, der auch beim Parallelschalten oder vor der Aufteilung in Windungen hindurchfloß. Die Stromverteilung über den ganzen Leiter, der

Fluß durch die Spule und daher auch die Energie des entstandenen magnetischen Feldes sind in allen drei Fällen gleich, d. h. der erste Teil von Gl. (47), $W = \frac{1}{2} I \Phi$, bleibt richtig, wenn man als I den gesamten, vom Fluß Φ umfaßten Strom auffaßt, in technischer Ausdrucksweise also die Amperewindungen. Wenn unsere Betrachtungen richtig sind, müssen wir dann auch in den Zuleitungen der Spule mit Amperemeter und ballistischem Voltmeter dieselbe Einschaltenergie messen, gleichgültig ob die Windungen parallel oder in Serie geschaltet sind: Das ist tatsächlich der Fall. Bei Serienschaltung mißt der Strommesser $I_n = I/n$, während sich die Spannungsstöße der einzelnen Windungen addieren. Das ballistische Voltmeter mißt also den n-fachen Spannungsstoß; die Induktivität L_n ist $n^2 L$ geworden [vgl. Gl. (35), S. 14]:

$$L_n = n \left(\int_0^t V \, \mathrm{d}t \right)/I_n = n^2 \left(\int_0^t V \, \mathrm{d}t \right)/I = n^2 L \ldots \text{(H)}. \qquad (49)$$

Wir müssen also den rechten Teil der Energiegleichung (47) in

$$W = \tfrac{1}{2} L_n I_n^2 = \tfrac{1}{2} n^2 \Phi^2/L_n \ldots \text{(W} \cdot \text{sec)} \qquad (50)$$

verändern, wodurch die Induktivitätsgleichung (36) jetzt folgendermaßen aussieht:

$$n \Phi = L_n I_n \ldots \text{(Wb)}. \qquad (51)$$

Es wird zuweilen empfehlenswert sein, eine Mehrwindungsspule zunächst als Einwindungsspule derselben Form mit derselben Stromverteilung zu betrachten, um erst dann zur Mehrwindungsspule zurückzukehren, wenn man alles über den entstehenden Fluß und die zugehörige Induktivität ermittelt hat.

Die spezifischen Induktivitätsgesetze Gl. (37), (40) und die spezifische Energiegleichung (48) ändern sich nicht.

Formell sind die Induktivitätsgesetze in der allgemeinen oder in der spezifischen Form für den magnetischen Fluß dasselbe, was die Ohmschen Gesetze für den Strom und was die Kapazitätsgesetze für den elektrischen Fluß sind. Die magnetomotorische Kraft des Stromes schickt den magnetischen Fluß so durch das Magnetikum, wie die Spannung den Strom durch den Leiter oder den elektrischen Fluß durch das Dielektrikum treibt. Die Induktivität bestimmt die Größe des magnetischen Flusses, analog dem Leitwert beim Strom und der Kapazität beim elektrischen Fluß. Ebenso wie beim elektrischen Fluß besitzen wir, im Gegensatz zum Strom, keine idealen Isolatoren für den magnetischen Fluß; Vakuum hat bei dieser Betrachtungsweise den spezifischen Leitwert μ_0 für den magnetischen Fluß. μ_0 ist ungefähr der kleinste existierende Wert, abgesehen von einigen diamagnetischen Stoffen, bei denen μ_r etwas kleiner als 1 ist.

Jedoch bestehen auch Unterschiede zwischen dem magnetischen und dem elektrischen Fluß. Der elektrische Fluß geht von den positiven Ladungen aus und verschwindet bei den negativen; der magnetische Fluß ist stets in sich geschlossen und es gibt, soweit wir wissen, keine magnetischen Ladungen. Auch bei permanenten Magneten wird der magnetische Fluß durch molekulare Kreisströme erzeugt; er geht also durch den Magneten und schließt sich außen herum vom Nordpol zum Südpol; weder beginnt noch endigt er bei den Polen.

Der Strom, der durch Akkumulatoren oder Dynamos geliefert wird, schließt sich; bei Kondensatoren, die geladen oder entladen werden, ist er dagegen unterbrochen.

In Wirklichkeit ist der magnetische Fluß etwas anderes als Strom; bei ersterem fließt nichts. Bei materiellen Magnetiken in einer stromdurchflossenen Spule kennen wir drei verschiedene Erscheinungen: Den Diamagnetismus (kleine Abschwächung des Flusses), den Paramagnetismus (kleine Verstärkung des Flusses) und den Ferromagnetismus (große Verstärkung des Flusses).

Beim Diamagnetismus laufen in den Atomen oder Molekülen ursprünglich keine Ströme; diese werden beim Einschalten des Spulenstromes durch Induktion[1] erzeugt und ergeben einen Fluß, der dem ursprünglichen entgegengesetzt gerichtet ist. Beim Ausschalten des Stromes verschwinden diese Kreisströme wieder durch den dabei auftretenden entgegengesetzten Induktionsstoß.

Beim Paramagnetismus sind die Atome und Moleküle schon von selbst magnetisch durch kreisende oder kreiselnde Elektronen. Diese willkürlich gerichteten molekularen Magnete, deren Felder sich nach außen hin aufheben, werden unter dem Einfluß des äußeren Feldes einigermaßen gerichtet und verstärken den Fluß.

Beim Ferromagnetismus, der hauptsächlich bei Eisen auftritt, sind viele molekulare Magnete schon gerichtet in kleinen, sogenannten Weißschen Gebieten des Werkstoffes zusammengefaßt. Die magnetischen Felder dieser Gebiete können einander nach außen hin wohl oder nicht aufheben (sie tun das z. B. *nicht* bei permanenten Magneten). Schon bei schwacher richtender Wirkung des äußeren Feldes erfolgt eine große Verstärkung des Flusses. Während beim Paramagnetismus die Molekularmagnete bei gebräuchlichen Feldstärken bei weitem nicht vollständig gerichtet werden, kommt das beim Ferromagnetismus wohl vor. In diesem Fall bekommen wir Sättigung, d. h. bei Erhöhung der Feldstärke nimmt der Fluß nur noch wie im Vakuum zu. Die molekularen Kreisströme haben keine Ohmschen Verluste, sie bleiben bestehen.

Was beim Anlaufen des Stromes in einer Vakuumspule geschieht, wissen wir nicht. Bei den bewegenden Ladungen, die den Strom bilden, treten durch das erzeugte Magnetfeld Trägheitswirkungen auf. Die Trägheit des Magnetfeldes versetzt sich gegen das In-Gang-Kommen und später auch gegen das Aufhören des Stromes. Diese Trägheitskraft ist viel größer als diejenige, welche aus der bewegenden Masse der Ladungen folgt.

Da magnetische Wirkungen im Raume in und um eine stromdurchflossene Spule wahrgenommen werden, hat man versucht, sich die Felderscheinungen als eine Kopplung der Ladungen mit dem Äther vorzustellen, wobei der Äther gewisse Eigenschaften eines elastischen Stoffes haben sollte. Das elektrische Feld muß dann die elastischen Kräfte und das magnetische Feld die Massenkräfte repräsentieren, wobei man zuweilen annahm, daß der Äther um einen Strom herum eine wirbelnde Bewegung ausführe. Wenn man diese Vorstellungen weiter ausarbeitet, ergeben sich stets mehr Schwierigkeiten. Man landet bei sehr komplizierten mechanischen Äthermodellen, die viel schwieriger zu begreifen sind als die einfachen elektrischen Erscheinungen. Es kann darum in bestimmten Fällen nützlich sein, die genannten Vorstellungen zu gebrauchen, man muß sich bewußt bleiben, daß sie nur eine Analogie mit sehr beschränkter Gültigkeit sind.

Wie dem auch sei, wir können mit den aus Strom- und Spannungsmessungen abgeleiteten Feldgrößen H und B auch im leeren Raum rechnen und zu richtigen Schlußfolgerungen gelangen, unabhängig davon, ob wirklich durch eine stromdurchflossene Spule im Äther etwas verändert wird, oder ob der Begriff magnetisches Feld ausschließlich eine bequeme Sprech- und Rechenweise ermöglicht, während die bewegenden Ladungen in der Spule das einzig Wirkliche sind.

---

[1] Induktion wird beim zweiten Maxwellschen Gesetz besprochen (§ 6, S. 22).

B. Die Maxwellschen Gesetze.

§ 5. Einleitung.

Der wesentliche Inhalt der Maxwellschen Gesetze ist: Ein sich
änderndes magnetisches Feld erzeugt ein elektrisches Feld; ein sich
änderndes elektrisches Feld erzeugt ein magnetisches Feld.

§ 6. Induktionsgesetz. Zweites Maxwellsches Gesetz.

Verbinden wir eine verlustfreie Spule mit einer Gleichspannung, so
nimmt der Strom in der Spule und damit der magnetische Fluß durch
die Spule gleichmäßig zu. Diese Tatsache können wir folgendermaßen
erklären. Der sich ändernde magnetische Fluß in der Spule erzeugt eine
induktive Gegenspannung, und zwar nehmen Strom und Fluß in solcher
Weise zu, daß die Gegenspannung gleich und entgegengesetzt der aufgedrückten Spannung wird.

Umgekehrt können wir dieselbe Gegenspannung an den Anschlüssen
der offenen Spule für sich allein bekommen, wenn wir von außen denselben
magnetischen Fluß durch die Spule schicken und ihn mit derselben Geschwindigkeit zunehmen lassen. Das kann beispielsweise durch eine
fortlaufende Stromerhöhung in einer benachbarten Spule geschehen.
Die Polarität der offenen Anschlüsse ist dann dieselbe wie vorhin, jedoch
fließt der Strom beim Verbinden der Anschlüsse in umgekehrter Richtung.

Diese Versuche sind Abwandlungen der früher angegebenen Induk-
tivitätsversuche (s. § 4) und ebenso wie dort werden die grundlegenden
Betrachtungen besonders übersichtlich für eine Einwindungsspule. Den
Einfluß mehrerer Windungen können wir getrennt behandeln, wie das
auch da geschehen ist.

Für eine einzige Windung wird die induktiv erzeugte Spannung:

$$V = - \dot{\Phi} \ldots (\text{V}), \qquad\qquad\qquad (52)$$

$[\Phi \ldots (\text{V} \cdot \sec = \text{Wb}) \quad$ magnetischer Fluß; $\quad \dot{\Phi}$ Symbol für $\quad \mathrm{d}\,\Phi/\mathrm{d}t$;
$t \ldots (\sec)]$.

Dies ist das Faradaysche Induktionsgesetz. Es gilt allgemein, also
auch für inhomogene Felder. Das Minuszeichen sagt, daß die Richtung
dieser Spannung und des bei Schluß entstehenden Stromes entgegengesetzt
der durch die Rechtehandregel (s. S. 15) gegebenen ist. Lassen wir den
Fluß ab- an Stelle von zunehmen, so wechselt die Polarität der Anschlüsse,
ebenso wie in dem Falle, daß wir den Fluß zwar zunehmen lassen, aber
in umgekehrter Richtung durch die Windungsfläche schicken.

Hier haben wir wieder ein allgemeingültiges Gesetz abgeleitet, indem
wir in einem besonderen Fall zu unendlich kleinen Größen übergegangen
sind. Wir sind ausgegangen von einem homogen in der Zeit sich abspielenden
Vorgang. Ein gleichmäßig mit der Zeit größer werdender Fluß ergibt eine
konstante Spannung. Das gilt gleichfalls während der unendlich kleinen
Zeit dt. Aber dann können wir auch den Spannungsverlauf bei einem willkürlich mit der Zeit sich ändernden Fluß bestimmen, indem wir für jeden
Augenblick den zugehörigen Fluß angeben.

Machen wir diesen Versuch bei einer langen Einwindungsspule (s. Abb. 4, S. 15) mit der Windungsfläche A ... (m²) mit homogenem Magnetfeld, so können wir das Induktionsgesetz für die spezifischen Feldgrößen schreiben. Wenn wir weiterhin daran denken, daß diese Windung an ihren Anschlüssen diejenige Spannung liefert, die aus ihrem Umfang s ... (m) und den längs dieses Umfanges auftretenden Komponenten E_s ... (V/m) der elektrischen Feldstärken folgt, so erhalten wir unter Benutzung von Gl. (44) und (37):

$$V = \oint E_s\, \mathrm{d}s = - \dot{\Phi} = - A\, \dot{B} = - \mu\, A\, \dot{H} \ \ldots \ (V), \qquad (53)$$

$[\Phi$ ... (Wb); $\quad B$ ... (Wb/m²); $\quad H$ ... (A/m); $\quad \mu$ ... (H/m); $\quad$ ... Symbol für d ... /dt; $\quad t$ ... (sec)$]$.

A steht hier senkrecht zur Richtung von Φ oder H. Wenn wir in diesem Fall beide Seiten durch A dividieren und so $\oint E_s\, \mathrm{d}s$ auf die Einheit der umschlossenen Fläche beziehen und wenn wir weiterhin A unendlich klein werden lassen, so sind wir zu dem mathematischen Begriff Rotation (rot; Englisch: curl) übergegangen:

$$\operatorname{rot} E = \lim_{A \to 0} \left(\oint E_s\, \mathrm{d}s\right)/A \ \ldots \ (V/m²), \qquad (54)$$

und wir erhalten aus Gl. (53) das zweite Maxwellsche Gesetz:

$$\operatorname{rot} E = - \dot{B} = - \mu\, \dot{H} \ \ldots \ (V/m²). \qquad (55)$$

Dies ist ein Vektorgesetz, welches die Beziehung zwischen Wert und Richtung der Größen angibt. Sagt man von einem Punkt im Raume: „Hier hat rot E diesen Wert und diese Richtung", so meint man folgendes: Betrachte eine unendlich kleine Fläche dA senkrecht zur angegebenen Richtung, dann hat $\oint E_s\, \mathrm{d}s$ längs des Randes von dA den angegebenen Wert, während E_s in die Drehrichtung eines Korkenziehers weist, der sich in der für rot E angegebenen Richtung in einen Korken bohrt. Bei rot E denkt man stets an einen einzigen Umlauf.

Das Angenehme des Begriffs rot ist, daß man die durch das Induktionsgesetz gegebene Tatsache für jeden Punkt im Raume bezüglich Größe und Richtung eindeutig für homogene wie auch für inhomogene Felder angeben kann. Dies wurde hier wieder, wie z. B. beim Begriff Feldstärke, durch zwei Kunstgriffe erreicht. Erstens verbindet man alle zur einfachen Beschreibung nötigen Voraussetzungen mit dem Begriff (im vorliegenden Fall: Ebene Fläche, ein einziger Umlauf in einer bestimmten Richtung, Stellung der Fläche so, daß sich der größte Wert des Linienintegrals ergibt), so daß man nichts mehr hinzufügen braucht. Zweitens geht man im einfach zu begreifenden homogenen Fall zu spezifischen Größen über (hier zum auf die Flächeneinheit bezogenen geschlossenen Linienintegral). Die spezifischen Größen behalten ihren Sinn, wenn man im homogenen Fall zu unendlich kleinen Größen übergeht, worauf man auch inhomogene Fälle Punkt für Punkt beschreiben kann. Ist diese punktweise Beschreibung in einem bestimmten inhomogenen Fall eine bekannte mathematische Funktion, so ist das Ergebnis ohne weiteres aus der Differential- oder Integralrechnung bekannt. Sonst versucht man die punktweise Beschreibung beispielsweise durch Messung zu erhalten.

Gl. (53) ändert sich für ein inhomogenes Feld in:

$$\oint E_s\, \mathrm{d}s = - \mu \int_A \dot{H}_n\, \mathrm{d}A \ \ldots \ (V). \qquad (56)$$

Mit Hilfe von Gl. (55) kann sie auch in der Form

$$\oint E_s \, ds = \int (\operatorname{rot} E)_n \, dA \; \dots \; \text{(V)} \tag{57}$$

geschrieben werden. Die durch Gl. (57) beschriebene Tatsache, daß das geschlossene Linienintegral eines Vektors gleich dem Flächenintegral seiner Rotation sein muß, ist in der Vektorrechnung als der Satz von Stokes bekannt.

Wir sehen, daß ein veränderliches magnetisches Feld von einem elektrischen Feld umschlossen wird, so wie ein Strom von einem magnetischen Feld umgeben wird. Das ist etwas Neues, da wir als Quelle des elektrischen Flusses bisher allein elektrische Ladungen besprochen haben. Wird der veränderliche magnetische Fluß von n reihengeschalteten Windungen umfaßt, so erhalten wir auch die n-fache Spannung im Vergleich mit einer Windung.

Umfaßt eine kurzgeschlossene, widerstandsfreie Windung einen veränderlichen magnetischen Fluß, so entsteht in der Windung ein Strom. Dieser Kurzschlußstrom wird so groß, daß durch ihn ein veränderlicher magnetischer Fluß entsteht, der in jedem Augenblick gleich dem ursprünglichen ist, aber in entgegengesetzter Richtung durch die Windung geht. Bei n reihengeschalteten Windungen wird dieser Kurzschlußstrom n-mal kleiner, da die n Windungen dann denselben Gegenfluß erzeugen.

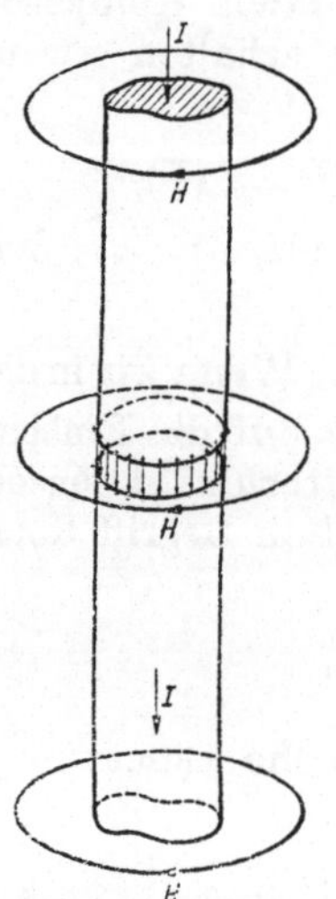

Abb. 6. Stromführender Draht mit Unterbrechung. Das Magnetfeld eines vom Gleichstrom I durchflossenen Drahtes bleibt ungeändert, auch wenn im Draht eine schmale Unterbrechung angebracht wird; der Strom wird in diesem Fall aufrecht erhalten, indem man die Spannung an den Anschlüssen des Drahtes gleichförmig erhöht. Hierdurch gelangt eine gleichmäßig ansteigende Ladung auf den durch die Unterbrechung gebildeten flachen Kondensator, die ein gleichförmig wachsendes elektrisches Feld in der Unterbrechungsstelle erzeugt. Der ganze Querschnitt der Drahtenden ist gleichmäßig mit Ladungen bedeckt; angegeben sind allein diejenigen an der Vorderseite mit den zugehörigen Kraftlinien.

§ 7. Erstes Maxwellsches Gesetz.

Fließt in einem geraden Draht ein Gleichstrom $I \dots$ (A), so gilt für die magnetische Feldstärke $H \dots$ (A/m) längs eines geschlossenen Weges $\varepsilon \dots$ (m) um den Draht: $\oint H_s \, ds = I$ [s. Gl. (45)]. Die Richtung von H, in welcher der geschlossene Weg durchlaufen werden muß, ist durch die Rechtehandregel (S. 15) oder die Korkenzieherregel gegeben, wobei die Fortbewegungsrichtung des Korkenziehers gleich der Stromrichtung und die Drehrichtung gleich der von H ist (vgl. S. 23). Wir schneiden aus dem Draht ein zylindrisches Stück mit der Grundfläche $A \dots$ (m²) und der Höhe $d \dots$ (m) heraus; einfachheitshalber stellen wir uns den Draht sehr dick und das herausgeschnittene Stück sehr kurz vor, so daß die Unterbrechung einen flachen Luftkondensator mit annähernd homogenem Feld bildet (s. Abb. 6).

Wir zwingen nun den Strom zum Weiterfließen, indem wir die Spannung an den Anschlüssen des Drahtes gleichförmig anwachsen lassen. Dann erhalten wir eine gleichmäßig zunehmende Ladung $Q \dots$ (C) auf dem genannten Kondensator. Der Strom I befördert nämlich in jeder Sekunde

I Coulomb oder Amperesekunden negative Ladung nach dem einen Ende der Unterbrechung und nimmt diese vom anderen Ende fort, wodurch dieses ebenfalls je Sekunde I Coulomb positive Ladung erhält. Entsprechend den Gedankengängen von § 3 und Gl. (13) können wir diese zunehmende Ladung ebensogut beschreiben als einen gleichförmig zunehmenden elektrischen Fluß Ψ ... (A · sec) zwischen den Drahtenden an der Unterbrechungsstelle.

Maxwell entdeckte nun, daß es in diesem Fall für das magnetische Feld um den Draht gleichgültig ist, ob es durch den Leiterstrom I in dem Draht oder durch den entsprechenden, sich ändernden elektrischen Fluß in der Unterbrechung, den sogenannten Verschiebungsstrom[1] [ebenfalls $= I$ ... (A)] erzeugt wird.

Wir erhalten also:

$$\oint H_s\,ds = I = \dot{Q} = \dot{\Psi} \dots \text{(A)}, \tag{58}$$

$[H \dots \text{(A/m)}; \quad s \dots \text{(m)}; \quad I \dots \text{(A)}; \quad Q \text{ und } \Psi \text{ (A · sec)}; \quad t \dots \text{(sec)}].$

Die Richtung von H haben wir im Anfang dieses Paragraphen angegeben. Im hier beschriebenen homogenen Fall können wir Ψ bezüglich Größe und Richtung auch in den elektrischen Feldvektoren ausdrücken [s. Gl. (23) und (15)] und erhalten:

$$\oint H_s\,ds = A\,\dot{D} = \varepsilon\,A\,\dot{E} \dots \text{(A)}, \tag{59}$$

$[A \dots \text{(m}^2\text{)}; \quad D \dots \text{(A · sec/m}^2\text{)}; \quad \varepsilon \dots \text{(F/m)}; \quad E \dots \text{(V/m)}; \quad t \dots \text{(sec)}].$

Mit Hilfe der beim zweiten Maxwellschen Gesetz angewendeten Methode (vgl. § 6, Gl. (53) und (55)] ergibt sich:

$$\text{rot } H = \dot{D} = \varepsilon\,\dot{E} \dots \text{(A/m}^2\text{)}. \tag{60}$$

In unserem Beispiel wurde das magnetische Feld um den Draht durch den Leiterstrom erzeugt, und um die Unterbrechungsstelle durch denselben Strom, der jedoch da als Verschiebungsstrom oder, anders gesagt, als sich änderndes elektrisches Feld auftrat. Nun kann ein magnetisches Feld auch dadurch entstehen, daß zugleich ein Verschiebungsstrom und ein beliebiger anderer Leiterstrom I umfaßt werden. Wir erhalten für ein sich änderndes elektrisches Feld zusammen mit einem Strom:

$$\oint H_s\,ds = \dot{\Psi} + I \dots \text{(A)}. \tag{61}$$

Dieser Fall ergibt sich beispielsweise bei einem Kondensator mit schlecht isolierendem Dielektrikum. Für den Leiterstrom allein können wir aus Gl. (45) ableiten:

$$\text{rot } H = S \dots \text{(A/m}^2\text{)}, \tag{62}$$

(S Stromdichte),

und das erste Maxwellsche Gesetz lautet dann:

$$\text{rot } H = \dot{D} + S = \varepsilon\,\dot{E} + S \dots \text{(A/m}^2\text{)}, \tag{63}$$

$[H \dots \text{(A/m)}; \quad D \dots \text{(A · sec/m}^2\text{)}; \quad t \dots \text{(sec)}; \quad S \dots \text{(A/m}^2\text{)}; \quad \varepsilon \dots \text{(F/m)};$
$E \dots \text{(V/m)}].$

---

[1] Vgl. hierzu die Bemerkung in § 3, S. 12 über die Verschiebung. Bei der vorliegenden Betrachtungsweise kann man sagen, daß es ausschließlich geschlossene Ströme gibt. Bei Unterbrechungen wird der Leiterstrom zum Verschiebungsstrom; Größe und Richtung bleiben dieselben.

II. Mechanische Kräfte in elektrischen und magnetischen Feldern.

§ 8. Einleitung.

Im elektrischen Feld erfahren geladene Körper Kraftwirkungen; im magnetischen Feld wirken Kräfte auf stromdurchflossene Leiter und bewegende Ladungen.

§ 9. Das Newton.

Die Formeln für das Berechnen der durch elektrische oder magnetische Felder ausgeübten Kräfte werden besonders einfach, wenn man als Krafteinheit das Newton (N) benutzt. Das Newton ist für m, kg und sec, d. h. für das MKS-System, dasselbe was das Dyn für cm, g und sec, d. h. für das CGS-System bedeutet, nämlich diejenige Kraft, welche der Masse von 1 kg die Beschleunigung von 1 m/sec² erteilt:

$$1 \text{ N} = 1 \text{ kg (-Masse)} \cdot \text{m/sec}^2. \tag{64}$$

Es ist also:

$$1 \text{ N} = 10^5 \text{ Dyn.} \tag{65}$$

In der Technik wird als Krafteinheit noch das Gewicht von 1 kg gebraucht, das ist diejenige Kraft, mit der die Erde die Masse von 1 kg an einem bestimmten Ort (Paris) anzieht. Da dort die Fallbeschleunigung $g =$ = 9,81 m/sec² ist, folgt:

$$1 \text{ N} = 1/g \approx 0,102 \text{ kg(-Gewicht).} \tag{66}$$

Das Besondere am Newton ist nun, daß für die Umrechnung von mechanischer in elektrische oder magnetische Energie gilt:

$$1 \text{ N} \cdot \text{m} = 1 \text{ V} \cdot \text{A} \cdot \text{sec} = 1 \text{ W} \cdot \text{sec.} \tag{67}$$

Wegen des wichtigen Platzes, welchen die Elektrizität auch in der mechanischen Technik einnimmt und wegen der grundlegenden Bedeutung, welche die Elektrizitätslehre für die theoretische Physik hat, ist es vernünftig, sowohl das Kraftkilogramm wie auch das Dyn abzuschaffen und das Kilogramm ausschließlich als Masseneinheit und das Newton als Krafteinheit zu gebrauchen.

Wir geben nun die Formeln für die mechanischen Kräfte, die sich durch Messungen ergeben.

§ 10. Kräfte im elektrischen Feld.

Auf die punktförmige Ladung $Q \dots$ (C) in einem elektrischen Feld der Stärke $E \dots$ (V/m) ausgeübte Kraft:

$$K = Q \, E \dots \text{(N).} \tag{68}$$

Beim Berechnen dieser Kraft muß man für E diejenige Feldstärke einsetzen, die nach Entfernung von Q an der betreffenden Stelle herrschen würde, wenn alle anderen Ladungen und Polarisationen, also auch die eventuell durch Q influenzierten, hierbei auf ihrem Platz und gleich groß bleiben würden. Gl. (68) ist eine Vektorgleichung. Eine positive Ladung wird in die Richtung der Feldstärke gezogen, eine negative in die entgegengesetzte.

Mit Hilfe dieser Gleichung kann man nun auch eine elektrische Feldstärke aus der Kraft ableiten, die auf eine im betreffenden Punkt angebrachte Ladung Q ausgeübt wird. Der Träger dieser Ladung muß dann möglichst klein sein, um die Forderung der Punktförmigkeit annähernd zu erfüllen. Außerdem muß auch die Ladungsmenge möglichst klein sein, so daß die anderen Ladungen, welche die zu messende Feldstärke verursachen, ihren Platz oder ihre Größe nicht nennenswert ändern.

Daß Gl. (68) und (67) miteinander übereinstimmen, können wir durch ein Gedankenexperiment sehen. Wir verbinden einen flachen Kondensator mit 1 m Plattenabstand mit einer 1 V-Stromquelle; wir erhalten dann zwischen den Platten die homogene Feldstärke 1 V/m. Wir bringen auf willkürliche Weise die Ladung $1\,\mathrm{C} = 1\,\mathrm{A} \cdot \mathrm{sec}$ aus der Stromquelle nach der positiven Platte, von da durch das Feld nach der negativen Platte, von der sie wieder nach der Stromquelle gelangt und neutralisiert wird. Bei der Bewegung durch das Feld leistet die Ladung nach Gl. (68) eine mechanische Arbeit von $1\,\mathrm{N} \cdot \mathrm{m}$. Die Stromquelle hat gleichzeitig die elektrische Energie $1\,\mathrm{V} \cdot \mathrm{A} \cdot \mathrm{sec}$ geliefert. Die von der Stromquelle herrührende Feldenergie ist nachher dieselbe wie vorher.

Der bei dieser Betrachtung berücksichtigten konstanten Kraft, die durch das ursprüngliche homogene Feld verursacht wird, überlagert sich während der Bewegung der Ladung von der positiven zur negativen Platte eine sich ändernde Kraft, die von den auf den Platten durch Q influenzierten Ladungen herrührt. Diese Kraft brauchen wir nicht zu beachten, da sie auf der ersten Hälfte des Weges dieselbe bremsende Arbeit leistet, die während der zweiten Hälfte gewonnen wird.

Anziehung zwischen den entgegengesetzt geladenen Platten mit der Fläche A ... (m²) eines Vakuumkondensators:

$$K = \tfrac{1}{2}\,Q\,E = \tfrac{1}{2}\,\Psi\,E = \tfrac{1}{2}\,A\,D\,E = \tfrac{1}{2}\,\varepsilon_0\,A\,E^2 = \tfrac{1}{2}\,Q^2/\varepsilon_0\,A \;\ldots\;(\mathrm{N}), \quad (69)$$

$[Q$ und $\Psi \ldots (\mathrm{A} \cdot \mathrm{sec}); \quad E \ldots (\mathrm{V/m}); \quad D \ldots (\mathrm{C/m^2}); \quad \varepsilon_0 \ldots (\mathrm{F/m})]$.

Diese Gleichung kann man beispielsweise durch Energiebetrachtungen mit Hilfe von Gl. (67) ableiten: Änderung der elektrischen Feldenergie bei der Bewegung der Platten = mechanische Arbeit; Q konstant lassen.

Coulombsches Gesetz: Anziehung zwischen zwei Ladungen Q_1 und $Q_2 \ldots$ (C) entgegengesetzten Vorzeichens mit kugelsymmetrischem Feld, d. h. Punktladungen; gegenseitige Entfernung $r \ldots$ (m) im Vakuum:

$$K = Q_1\,Q_2/\varepsilon_0\,4\,\pi\,r^2 \;\ldots\;(\mathrm{N}). \tag{70}$$

Dieses Gesetz kann folgendermaßen abgeleitet werden: Q_1 erzeugt im Abstande r eine elektrische Feldstärke E, die auf Q_2 eine Kraft ausübt, die aus Gl. (68) folgt. Die Feldstärke E ist einfach zu berechnen. Von Q_1 geht ein Fluß $\Psi_1 = Q_1 \ldots$ (A · sec) aus [s. (Gl. 13)]. Dieser verteilt sich kugelsymmetrisch im Raum. Die elektrische Induktion D, d. h. der Fluß je m², im Abstand r von Q_1 ist also Ψ_1 dividiert durch die Oberfläche einer Kugel mit dem Radius r: $D = Q_1/4\,\pi\,r^2 \ldots$ (C/m²). Im Vakuum ist die Feldstärke $E = D/\varepsilon_0$ [s. Gl. (15)], also in unserem Fall $Q_1/\varepsilon_0\,4\,\pi\,r^2 \ldots$ (V/m).

Hier erhebt sich die Frage, wie sich die Kräfte ändern, wenn wir mit anderen Dielektriken an Stelle von Vakuum zu tun haben. Diese Frage ist für flüssige Dielektrika einfach zu beantworten: Bei Gleichungen mit dem Faktor ε_0 wird dieser durch $\varepsilon = \varepsilon_r\,\varepsilon_0$ ersetzt; Gleichungen ohne ε_0 können ohne Änderung benutzt werden. Bei festen Dielektriken muß man jedoch daran denken, daß sich zwischen Dielektrikum und Leiter eine sehr dünne Schicht Vakuum oder Luft befindet oder jedenfalls beim Auseinanderbewegen der Platten entsteht, was bei der Flüssigkeit nicht der Fall ist. Das sei durch folgendes Beispiel erläutert. Ein flacher geladener Kondensator wird vollständig in eine isolierende Flüssigkeit mit der relativen Dielektrizitätskonstante ε_r getaucht. Wie ändert sich die Kraft zwischen den Platten ? Wir gebrauchen Gl. (69): $K = \frac{1}{2} Q E$. Lassen wir die Ladung konstant, so wird die Kraft ε_r-mal kleiner, da die Feldstärke E im Dielektrikum der ε_r-te Teil der ursprünglichen wird. Halten wir die Spannung zwischen den Platten, also auch E, konstant, so wird die Kraft ε_r-mal größer, da Q ε_r-mal größer wird. Schieben wir dagegen eine festes Dielektrikum mit demselben ε_r zwischen die Platten, so bleibt die Kraft im Augenblick des Abziehens der Platten vom Dielektrikum bei konstanter Ladung dieselbe wie im Vakuum, da E zwar im Dielektrikum ε_r-mal kleiner wird, aber nicht im Spalt zwischen Dielektrikum und Platte. Halten wir dagegen die Spannung und damit E im Dielektrikum konstant, so wird die Kraft ε_r^2-mal größer als im Vakuum, da sowohl Q wie auch E im Luftspalt ε_r-mal größer werden. Die maximale Kraft ist also bei einem festen Dielektrikum ε_r-mal größer als bei einem flüssigen.

§ 11. Kräfte im magnetischen Feld.

Kraft auf einen geraden vom Strom I ... (A) durchflossenen Leiter mit der Länge l ... (m) in einem homogenen Magnetfeld mit der Induktion B ... (Wb/m²), wenn er senkrecht zur Feldrichtung steht:

$$K = I\,B\,l \ldots \text{(N)}. \tag{71}$$

Die Richtung dieser Kraft ist senkrecht zur Strom- und zur Feldrichtung, und zwar bei der Handhaltung der Rechtehandregel (s. S. 15) senkrecht vom Handrücken nach außen. Beim Berechnen dieser Kraft muß für B diejenige Induktion eingesetzt werden, die an der betreffenden Stelle nach Entfernung des stromdurchflossenen Leiters herrschen würde, wenn der in den Zufuhrdrähten zum Leiter fließende Strom und weiterhin alle anderen Ströme und Magnetisierungen, also auch die eventuell durch $I\,l$ induzierten, ihren Lauf, bzw. Platz und ihre Größe beibehalten würden.

Kraft zwischen zwei parallelen von I_1 und I_2 ... (A) durchflossenen Leitern kleinen Durchmessers mit der Länge l ... (m) und dem gegenseitigen Abstand r ... (m) $(r \ll l)$ im Vakuum:

$$K = \mu_0\,I_1 I_2\,l/2\,\pi\,r \ldots \text{(N)}. \tag{72}$$

Auch hier kann man entsprechend der bei Gl. (70) angewendeten Methode die Kraft aus Gl. (71) ableiten, indem man die Induktion berechnet, welche der eine Strom an dem Ort des anderen Stromes erzeugt. Die Feldstärke im Abstand r in einer zu I_1 senkrechten Fläche folgt aus Gl. (45) $\oint H_s\,ds = I_1$ mit $s = 2\,\pi\,r$ als $H = I_1/2\,\pi\,r$, woraus mit Hilfe von Gl. (37): $B = \mu_0\,I_1/2\,\pi\,r$ folgt. Bei gleicher Richtung ziehen sich die Ströme an, bei entgegengesetzter stoßen sie sich ab.

Kraft auf eine sich mit der Geschwindigkeit v ... (m/sec) senkrecht zur Richtung eines magnetischen Feldes bewegende Ladung Q ... (C) (Lorentz-Kraft):

$$K = Q\,v\,B \ldots \text{(N)}. \tag{73}$$

Diese Gleichung stimmt mit Gl. (71) überein, da ein Strom I in einem Leiter mit der Länge l der Bewegung einer Ladungsmenge Q mit der Geschwindigkeit v entspricht, wenn $Q\,v = I\,l$ bezüglich Größe und Richtung ist. Die Richtung der Kraft ist dann auch dieselbe wie bei Gl. (71), wenn die Bewegungsrichtung einer positiven Ladung Q hier gleich der Stromrichtung dort ist.

Drehmoment eines homogenen magnetischen Feldes auf eine vom Strom I ... (A) durchflossene Spule [Windungsfläche A ... (m²); Windungsanzahl n], deren Achse senkrecht zur Feldrichtung steht:

$$M = B\,n\,I\,A \ \ldots \ (\text{N}\cdot\text{m}). \tag{74}$$

Die durch dieses Drehmoment bewirkte Drehrichtung kann z. B. aus dem bei Gl. (71) Gesagten abgeleitet werden.

Anziehung zwischen zwei ebenen parallelen Polflächen mit der Fläche A ... (m²), zwischen denen der homogene Fluß Φ ... (Wb) senkrecht im Vakuum von der einen zur anderen geht:

$$K = \tfrac{1}{2}\,\Phi\,H = \tfrac{1}{2}\,A\,B\,H = \tfrac{1}{2}\,\mu_0\,A\,H^2 = \tfrac{1}{2}\,\Phi^2/\mu_0\,A \ \ldots \ (\text{N}). \tag{75}$$

Die Polflächen können die Enden zweier langer Spulen oder auch Eisenpole sein. Die H-Werte beziehen sich auf den Raum zwischen den Polen.

Bei langen Spulen und bei langen dünnen Stabmagneten tritt der Fluß Φ ... (Wb) ungefähr kugelsymmetrisch in der Nähe der Enden aus den „Polen“ heraus. Bringt man solch ein Ende in ein magnetisches Feld mit der Stärke H ... (A/m), so erfährt es eine Kraft:

$$K = \Phi\,H \ \ldots \ (\text{N}). \tag{76}$$

Dies ist eine Vektorgleichung. Ein Nordpol wird in die Richtung von H gezogen, ein Südpol in entgegengesetzte Richtung.

Zwei Pole mit kugelsymmetrischem Feld üben im Vakuum im Abstand r die Kraft:

$$K = \Phi_1\,\Phi_2/\mu_0\,4\,\pi\,r^2 \ \ldots \ (\text{N}) \tag{77}$$

aufeinander aus. (Coulombsches Gesetz für den Magnetismus). Die Ableitung aus Gl. (76) ist dieselbe wie beim Coulombschen Gesetz Gl. (70).

Für andere Magnetika als Vakuum gilt das in § 10, S. 27, für ε_r Gesagte hier sinngemäß für μ_r.

III. Die Wahl des Maßsystems und die Lehrmethode.

§ 12. Die Wahl des Maßsystems.

In der Elektrizitätslehre wurden bisher neben- oder durcheinander hauptsächlich das elektrostatische, das elektromagnetische, das Gaußsche CGS-Maßsystem und das praktische Maßsystem angewendet. In den letzten Jahren setzt sich das rationalisierte Giorgische Maßsystem, das wir in diesem Buch gebrauchen, in stets wachsendem Maße durch. Wegen der tiefschürfenden Diskussionen, die seit vielen Jahren über elektrische Maßsysteme geführt werden, entsteht der Eindruck, als ob die Überlegenheit des letztgenannten Maßsystems nicht feststände oder jedenfalls sehr schwierig zu erkennen wäre. Dieser Eindruck ist verkehrt. Man braucht nur die folgenden vier Fragen zu beantworten.

1. Ist etwas dagegen einzuwenden, daß Strom und Spannung von Akkumulatoren, Glühlampen, elektrischen Kraftwerken u. dgl. in Ampere und Volt gemessen werden?

Die Antwort lautet beinahe einstimmig: Nein! Vereinzelte Theoretiker können sich noch für die elektrostatische Spannungseinheit erwärmen, weil diese einigermaßen „absolut", d. h. ohne willkürliche Umrechnungsfaktoren mit Hilfe vom cm, g, sec festgelegt werden kann. Diesen kann man dann noch die Frage vorlegen, ob sie glauben, daß diese Spannungseinheit jemals wieder eingeführt werden wird. Worauf auch sie mit nein antworten.

2. Ist etwas dagegen einzuwenden, mit elektrischen und magnetischen Feldgrößen zu rechnen, ungeachtet, ob sie wirkliche oder nur Rechengrößen sind?

Die Antwort lautet einstimmig: Nein! Niemand will die durch Faraday und Maxwell gebrachte Vereinfachung entbehren.

3. Ist ein homogenes oder ein Kugelfeld einfacher?

Die meisten sind der Meinung: Natürlich ein homogenes Feld. Einige Theoretiker halten ein Kugelfeld für ebenso einfach. Diese fragt man dann, ob addieren einfacher sei als integrieren, worauf sofort Einmütigkeit darüber herrscht, daß Addieren einfacher ist, da man zwar addieren kann, ohne integrieren zu können, aber nicht das Umgekehrte. Nun kann das Potential, das ist die Spannung gegen einen bestimmten Punkt, im homogenen Feld durch Addieren von Teilspannungen gefunden werden, im Kugelfeld dagegen nur durch Integrieren. Fügt man noch hinzu, daß das Geheimnis der Differential- und Integralrechnung darin besteht, daß wir beliebige Körper aus unendlich kleinen Bausteinen aufbauen können, die der Grenzfall eines Würfels und nicht einer Kugel sind, dann sieht man ein, daß auch in betreff der Frage 3 keine Meinungsverschiedenheit mehr bestehen bleibt.

4. Ist es praktischer, in der Elektrizitätslehre mit einem einzigen Maßsystem zu arbeiten, wenn das möglich ist oder mit verschiedenen?

Naturgemäß arbeitet man am liebsten mit *einem* Maßsystem.

Es ist natürlich nichts dagegen einzuwenden, Berechnungen oder Betrachtungen in Spezialgebieten durch mathematische Substitutionen, durch die Wahl neuer Einheiten oder durch Einführung neuer Begriffe zu vereinfachen. Wir bringen einige Beispiele.

Durch die Substitution $E' = E\sqrt{\varepsilon_0}$ und $H' = H\sqrt{\mu_0}$ können Formeln für elektromagnetische Wellen im Vakuum einfacher werden, weil in diesem Fall $E' = H'$ wird.

Das Elektronvolt d. i. die kinetische Energie, die ein Elektron nach dem Durchlaufen eines elektrischen Feldes von 1 V erhalten oder verloren hat, ist ein praktischer Begriff bzw. Einheit in der Atomphysik und für das Berechnen von Elektronenbewegungen in elektrischen Feldern.

In der Atomphysik wird man oftmals zweckmäßigerweise die Ladung des Elektrons 1 nennen und das Coulombsche Gesetz ohne den Faktor $1/4\,\pi\,\varepsilon_0$ schreiben.

Der Astronom ist gewöhnt, große Abstände von Himmelskörpern in Lichtjahren anzugeben, d. i. die Strecke, welche das Licht in einem Jahr zurücklegt.

Im ersten Beispiel hat E die Einheit V/m und E' die Einheit $\sqrt{\text{V} \cdot \text{A} \cdot \text{sec/m}^3}$, da ε_0 in F/m = $\text{A} \cdot \text{sec/V} \cdot \text{m}$ gemessen wird. Aus der Tatsache, daß man in bestimmten Fällen bequemer mit E' als mit E rechnet, darf man jedoch nicht den Schluß ziehen, daß man dann auch die elektrische Feldstärke nicht als Spannung je Längeneinheit, sondern als Quadratwurzel aus der räumlichen Energiedichte definieren müsse. Diese Definition würde schwer begreiflich und verwirrend sein.

Die Einheit des letzten Beispiels, das Lichtjahr, zeigt, daß man eine Längenmessung auf eine Zeitmessung zurückführen kann. Man könnte also Längen in Teilen eines Jahres angeben, was nicht empfehlenswert ist. Etwas derartiges geschieht im elektromagnetischen CGS-Maßsystem, in welchem die Induktivität nicht als Spannung je Stromänderung, sondern als Länge in Zentimetern gemessen wird.

Man betrachte derartige Vereinfachungen als mathematische Substitutionen oder als praktische Abweichungen vom gewählten Maßsystem, aber nicht als andere Maßsysteme mit neuen Definitionen der Grundbegriffe.

Zuweilen wird noch gegen den Gebrauch eines einzigen Maßsystems angeführt, daß die gewählten Einheiten für bestimmte Zwecke zu groß, für andere wieder zu klein wären. So will man z. B. den Durchmesser von Drähten gerne in Millimetern, die Länge von Kabeln dagegen in Kilometern angeben. Wir können den Leser in dieser Hinsicht beruhigen. Auch bei ausschließlicher Benutzung des rationalisierten Giorgischen Maßsystems bleibt es erlaubt, $1 \cdot 10^{-3}$ m ein Millimeter und $1 \cdot 10^3$ m einen Kilometer zu nennen. Der springende Punkt ist dagegen, daß man die theoretischen Formeln in der für das Begreifen und das Gedächtnis einfachen Form mit den Originaleinheiten behält.

Aber dann haben wir Übereinstimmung erreicht, daß das rationalisierte Giorgische Maßsystem den anderen genannten vorzuziehen ist. Um dies noch näher zu erläutern, wollen wir kurz die geschichtliche Entwicklung skizzieren, wobei auch die bereits entschiedene Frage der „internationalen" und der „absoluten" Volt und Ampere gestreift werden soll.

Das elektrostatische CGS-Maßsystem geht von den Kräften aus, die elektrische Ladungen aufeinander ausüben, mithin vom Coulombschen Gesetz, und zwar in der einfachen Form: $K = Q_1 Q_2 / r^2 \ldots$ (Dyn); $r \ldots$ (cm). Als Ladungseinheit wird diejenige Punktladung genommen, die eine gleiche andere im Abstand 1 cm befindliche mit 1 Dyn abstößt. Diese Ladungseinheit ist $1/10\,c \approx 3,33 \cdot 10^{-10}$ Coulomb (c Zahlenwert der Lichtgeschwindigkeit in m/sec); 1 Dyn $= 10^{-5}$ Newton. Im Abstand 1 cm von der Ladungseinheit hat die als Kraft auf die Ladungseinheit definierte elektrische Feldstärke E naturgemäß den Wert 1. Diese Feldstärkeneinheit ist gleich $c/10^4 \approx 3 \cdot 10^4$ V/m.

Im Vakuum setzt man die elektrische Induktion oder Verschiebungsdichte D gleich der Feldstärke E, wodurch der von der Ladungseinheit kugelsymmetrisch ausgehende elektrische Fluß $\Psi\,(= \int D\,\mathrm{d}A)\,4\,\pi$ wird. Diese Einheit für D ist gleich $10^3/4\,\pi\,c \approx 2,65 \cdot 10^{-7}$ C/m². [1]

Die Einheit von Potential besitzt ein Punkt, wenn eine Arbeit von 1 Erg ($= 1$ Dyn $\cdot$ cm) nötig ist, um eine Ladungseinheit aus dem Unendlichen, für das man das Potential Null annimmt, dahin zu bringen. Diese Potentialeinheit ist $c/10^6 \approx 300$ absolute Volt. So hat beispielsweise eine Kugel mit dem Radius $R = 1$ cm, die mit einer Ladungseinheit geladen ist,

das Potential 1, da $- \int\limits_{r=\infty}^{R} Q_1 Q_2\,\mathrm{d}r/r^2 = 1$ wird. Die Stromstärkeneinheit

---

[1] Früher wurde zuweilen ein elektrostatisches CGS-Maßsystem angewendet, in welchem der von der Ladungseinheit ausgehende Fluß gleich eins gesetzt wurde. Hierauf wollen wir nicht näher eingehen.

ist eine Ladungseinheit je Sekunde. Das elektrostatische Maßsystem lebt heutzutage noch fort in der Kapazitätsformel für den flachen Kondensator: $C = A/4\pi s$ ... (cm); A ... (cm²); s ... (cm); und weiterhin in der einfach zu behaltenden Tatsache, daß eine leitende Kugel mit dem Radius 1 cm eine Kapazität von 1 cm gegen das Unendliche besitzt. Dieses Maßsystem ist ein Teil des Gaußschen Maßsystems, in welchen alle hier genannten Definitionen und Formeln des statischen Maßsystems beibehalten werden.

Das elektromagnetische CGS-Maßsystem ging ursprünglich von einem Coulombschen Gesetz für punktförmige Magnetpole in der einfachen Form $K = P_1 P_2/r^2$ ... (Dyn); r ... (cm) aus. Ein Einheitspol ist derjenige Pol, der einen gleichen anderen im Abstand 1 cm befindlichen mit 1 Dyn abstößt. Dieser Einheitspol ist ein solcher, daß von ihm ein magnetischer Fluß $\Phi = 4\pi/10^8 \approx 1{,}257 \cdot 10^{-7}$ Wb ausgeht. Im Abstand 1 cm hat die als Kraft auf den Einheitspol definierte magnetische Feldstärke H naturgemäß den Wert 1; Einheit Gauß oder Oersted. 1 Oersted = $= 10^3/4\pi \approx 79{,}6$ A/m.

In Vakuum setzt man die magnetische Induktion B ... (Gauß) gleich der Feldstärke H, wodurch der von einem Einheitspol kugelsymmetrisch ausgehende Fluß $\Phi \left(= \int B\, dA \right) 4\pi$ Maxwell wird. 1 Gauß = 10^{-4} Wb/m²; 1 Maxwell = 10^{-8} Wb.

Die Stromstärkeneinheit hat derjenige Strom, der im Mittelpunkt eines Kreises mit dem Radius 1 cm eine Feldstärke von 1 Oersted erzeugt, wenn er durch 1 cm des Umfanges fließt. Diese Definition stützt sich auf das Gesetz von Laplace[1]: $H = \left(\int I\, ds \sin \varphi \right)/l^2$ ... (Oersted); s und l ... ... (cm). ds ist ein vom Strom durchflossenes Leiterelement, l der Abstand zwischen ds und dem Punkt, für den die Feldstärke gesucht wird, φ der Winkel zwischen ds und l. Diese Stromeinheit ist genau 10 absolute Ampere.

Die Einheit der Spannung wird in einer Windung erzeugt, als der durch diese umfaßte magnetische Fluß in 1 sec gleichförmig um 1 Maxwell kleiner wird. Diese Spannungseinheit ist genau 10^{-8} absolute Volt.

Das elektromagnetische Maßsystem war ursprünglich für die Beschreibung permanenter Magnete entworfen. Später hat man den Zusammenhang des Magnetismus mit dem elektrischen Strom entdeckt. Da die ursprünglich als bestehend angenommenen Einheitspole nicht existieren, hat man die Einheiten unter Einhaltung ihrer Werte mit Hilfe der Kraftwirkungen des Stromes festgesetzt. Dieses Maßsystem ist ein Teil des Gaußschen Maßsystems und ein Teil der bisher in der Technik gebräuchlichen Einheitenkombination.

Das Gaußsche Maßsystem benutzt die magnetischen Feldeinheiten des magnetischen Maßsystems und die elektrischen Feldeinheiten, die Spannungs- und die Stromeinheit des statischen Maßsystems. Das Gaußsche Maßsystem wird in der theoretischen Physik gebraucht. In diesem Maß-

---

[1] Oftmals Gesetz von Biot und Savart genannt. Diese Forscher haben jedoch nur den besonderen Fall eines unendlich langen geraden Leiters untersucht.

system haben naturgemäß das statische Coulombsche Gesetz die einfache Form aus dem statischen Maßsystem und das magnetische Coulombsche Gesetz die einfache Form aus dem magnetischen Maßsystem. Die Teile der Maxwellschen Gleichungen, die sich auf veränderliche Felder beziehen, bekommen für Vakuum denselben Faktor: rot $E = - \dot{H}/c$; rot $H = \dot{E}/c$; c Lichtgeschwindigkeit in cm/sec. In der elektromagnetischen Welle ist $E = H$.

Das praktische Maßsystem benutzt die Einheiten Ampere, Ohm, Volt, Farad und Henry, die allgemein bekannt sind und in denen all unsere Meßinstrumente geeicht sind. Dieses Maßsystem ist sehr geeignet für technische Rechnungen, in denen keine Felder vorkommen, wie z. B. gewöhnliche Gleich- und Wechselstromrechnungen, aber auch für die Filter- und die Kabeltheorie.

Für die Feldstärken E und H werden in der Praxis teilweise V/cm und A/cm gebraucht. Für das Berechnen von Transformatoren benutzt man Gauß und Maxwell in Verbindung mit V und A. Bei Kondensatoren geht man von der Kondensatorformel des statischen Maßsystems aus, um sodann die cm in F umzurechnen. Bei Elektromagneten berechnet man den Fluß mit Hilfe des H in A/cm, jedoch die Kraft mit Hilfe des H in Oersted. In der Rundfunktechnik wendet man durcheinander die Feldstärke in V/m und die elektrostatische Einheit an. Elektromagnetische Wellen, Dielektrika und Magnetika werden im Gaußschen Maßsystem besprochen und dann auf V und A umgerechnet.

Diese Verwirrung wurde noch vermehrt durch die Frage „internationale" oder „absolute" Ampere und Volt. Der Unterschied zwischen beiden ist folgender. Den Wert der „absoluten" elektromagnetischen CGS-Strom- und Spannungseinheit fand man für die Elektrotechnik ungeeignet. Man wählte das absolute Volt als das 10^8-fache der magnetischen Spannungseinheit und das absolute Ampere als 1/10 der magnetischen Stromeinheit. Als entsprechende praktische Ausführung definierte man das internationale Ampere mit Hilfe eines bestimmten elektrolytischen Silberniederschlags je Sekunde. Das internationale Volt wurde als praktische Ausführung des absoluten V mit Hilfe des internationalen A und des internationalen Ω (Quecksilbersäule bestimmter Abmessungen) durch das Ohmsche Gesetz definiert; außerdem noch als eine bestimmte Teilspannung eines Normalelementes. Infolge des Fortschrittes der Meßtechnik wurden später Unterschiede zwischen den absoluten und den internationalen Einheiten, welche die ersteren verwirklichen sollten, festgestellt; diese waren allerdings sehr klein. Nach langwierigem Streit wurde vom „Comité international des Poids et Mesures" im Oktober 1946 beschlossen, vom 1. Januar 1948 ab die absoluten V und A einzuführen. Die Umrechnungsfaktoren sind:

1 mittleres internationales $\Omega = 1{,}000\ 49$ absolute Ω,
1 mittleres internationales $V = 1{,}000\ 34$ absolute V.

Wir begrüßen diesen Beschluß, weil dann 1 W $\cdot$ sec *genau gleich* 1 N $\cdot$ m *ist und außerdem* μ_0 *genau gleich* $4\pi/10^7 \ldots$ (H/m), *was zusammen mit* $\varepsilon_0\,\mu_0\,c^2 = 1$ *leichter zu behalten ist als ein willkürlicher Zahlenwert*[1]. *Mit*

---

[1] Vgl. hierzu außer Gl. (16) und (38) auch § 16.

diesen drei Angaben beherrschen wir quantitativ den grundlegenden Teil der Elektrizitätslehre.

Das genannte Comité definiert das absolute Ampere und Volt folgendermaßen: „Das Ampere ist die Stärke desjenigen Gleichstroms, der, in zwei parallelen, unendlich langen, geraden, sich in Vakuum in 1 m Abstand befindenden Leitern von vernachlässigbarem kreisförmigem Querschnitt fließend, zwischen diesen Leitern je Meter Länge eine Kraft von $2 \cdot 10^{-7}$ M. K. S.-Einheiten entstehen läßt.

Das Volt ist derjenige elektrische Potentialunterschied, der zwischen zwei Punkten eines leitenden Drahtes auftritt, der durch einen Gleichstrom von 1 Ampere durchflossen wird, wenn die zwischen diesen Punkten verbrauchte Leistung gleich 1 Watt ist." Dabei ist 1 Watt die Leistung, die eine Arbeit von $1 \text{ N} \cdot \text{m}$ je Sekunde verrichten kann.

In seinen Erläuterungen sagt das Comité, daß diese Definitionen allein den Zweck verfolgen, „die Werte der Einheiten festzusetzen und nicht die Methoden für ihre praktische Verwirklichung... Z. B. repräsentiert die Definition des Ampere nur einen besonderen Fall einer allgemeinen Formel für die Kräfte zwischen Stromleitern, so gewählt, daß sie bequem formuliert werden kann. Sie dient dazu, um die Konstante in der allgemeinen Formel, die beim Verwirklichen der Einheit gebraucht wird, festzusetzen".

Die genannte Konstante ist μ_0 und wir können die Definition des absoluten Volt und Ampere am einfachsten folgendermaßen formulieren:

Das Produkt von V und A ist durch die Übereinkunft, daß die elektrische gleich der mechanischen Energieeinheit sein soll, festgelegt: $1 \text{ V} \cdot \text{A} \cdot \text{sec} = 1 \text{ N} \cdot \text{m}$, Gl. (67). Der Quotient von V und A ist durch die Übereinkunft, daß die Induktionskonstante μ_0 den Wert $4\pi/10^7 \dots (\text{V} \cdot \text{sec}/\text{A} \cdot \text{m})$, Gl. (38) haben soll, festgelegt.

Diese Formulierung gibt den Tatbestand deutlich wieder, und macht die gebräuchlichen, endlosen Diskussionen, wieviel und welche Grundeinheiten das Giorgische Maßsystem benutzt, überflüssig.

Die V und A wurden in einer Zeit eingeführt, in der man sich der Bedeutung der Induktionskonstanten μ_0 noch nicht bewußt war. Wenn man heutzutage frei wäre, könnte man die Werte von V und A am einfachsten so wählen, daß $\mu_0 = 1 \text{ H/m}$ würde.

Kehren wir nun zu den vier Fragen zurück, die am Beginn dieses Kapitels besprochen wurden, so sehen wir, daß das statische, das magnetische und das Gaußsche Maßsystem den Fragen 1 und 3 nicht genügen, d. h. sie benutzen nicht V und A und sie bestimmen ihre Feldgrößen an der Hand von Kugelfeldern. Die bisher in der Technik gebräuchliche Einheitenkombination gebraucht zwar V und A, wendet jedoch die Feldgrößen der anderen Maßsysteme an und genügt daher nicht den Fragen 3 und 4.

Das Giorgische Maßsystem drückt die Feldgrößen in V und A aus. Dadurch wird der Zusammenhang zwischen den Feldern und den Strömen und Spannungen, welche deren Ursache oder Folge sind, und die ebenfalls in A und V gemessen werden, direkt sichtbar, ohne den Umweg über die Kräfte. Die Rationalisierung besteht nun darin, daß $\Psi = Q$ und nicht $4\pi Q$ gesetzt wird, d. h. von der Einheitsladung geht der elektrische Fluß 1 und nicht 4π aus; und weiterhin, daß $\int H_s \, \mathrm{d}s = I$ und nicht $4\pi I$ gesetzt wird oder in der alten Betrachtungsweise, daß vom Einheitspol 1 und nicht 4π Kraftlinien ausgehen. Dadurch erhalten ε und μ die einfache physikalische Bedeutung, die in § 3, bzw. § 4 angegeben ist.

So entspricht allein das rationalisierte Giorgische Maßsystem den in den Fragen 1 bis 4 enthaltenen Anforderungen. Zugleich wird der oft erhobene Einwand entkräftet, daß das rationalisierte Giorgische Maßsystem einfach die Faktoren $4\,\pi$, c und Potenzen von 10 in ε_0 und μ_0 verstecke und also keinen Vorteil gegenüber den anderen Maßsystemen habe, bei denen dieselben Faktoren, jedoch in anderen Formeln, auftreten. In Wirklichkeit sind diese Faktoren bei den anderen Maßsystemen in einer zwar logischen, aber vollständig unübersichtlichen Weise über alle möglichen Formeln ausgestreut. ε_0 und μ_0 sind dagegen Naturkonstanten mit einer einfachen physikalischen Bedeutung, die allein durch die Festsetzung von A und V die genannten Faktoren enthalten.

Ein anderer Einwand, den viele Physiker gegen das Giorgische Maßsystem erheben, ist gegen die zwei Gleichungen (15) und (37) für Vakuum gerichtet: $D = \varepsilon_0\,E$ und $B = \mu_0\,H$, in denen D und B nicht nur einen anderen Zahlenwert, sondern auch andere Einheiten (andere Dimensionen) als E und H haben. Diese Kritiker weisen darauf, daß das Feld im Vakuum durch einen einzigen elektrischen und einen einzigen magnetischen Vektor beschrieben werden kann und sie ziehen daraus den verkehrten Schluß, daß es dann auch einfacher und zweckmäßiger sei, nur einen zu nehmen.

Nun gebraucht auch jeder Physiker die Begriffe Strom und Spannung oder Ladung und Potential oder ein anderes dementsprechendes Paar, weil das einfach und zweckmäßig ist. Da nun die beiden angeführten Gleichungen nichts anderes angeben als die meßbare Beziehung zwischen Strom und Spannung beim Einheitskondensator und bei der Einheitsspule und noch niemand das Sinnvolle und Zweckmäßige der entsprechenden Gleichung beim Einheitswiderstand bezweifelt hat, scheint uns auch dieser Einwand nicht unüberwindlich zu sein.

Es sei darauf hingewiesen, daß die erwähnte Komplikation des GiorgiSystems teilweise auch beim elektrostatischen und beim elektromagnetischen CGS-System auftritt. Beim elektrostatischen System ist in Vakuum zwar $D = E$, aber $B = H/c^2$; beim elektromagnetischen System dagegen ist in Vakuum wohl $B = H$, jedoch $D = E/c^2$. Dem Vorteil des Gaußschen Systems, daß in Vakuum $D = E$ und $B = H$ ist, steht der Nachteil gegenüber, daß in wichtigen Formeln der Faktor c vorkommt.

Hieraus geht hervor, daß der Unterschied zwischen den elektrischen Systemen nicht nur eine Frage von Zahlenfaktoren ist. Während das Rechnen z. B. mit Fuß anstatt mit Meter zu keinen grundsätzlichen Schwierigkeiten führt, ist der Übergang von einem elektrischen System zu einem anderen so mühselig, weil die Größen dabei nicht nur ihren Wert, sondern auch ihre Definition und Dimension ändern. Diese Tatsache dringt bei der Benutzung der drei verschiedenen CGS-Systeme oft nicht ins Bewußtsein, da in diesen Systemen die elektrischen Größen in denselben mechanischen Einheiten ausgedrückt werden.

Ein wesentlicher Vorteil des rationalisierten Giorgi-Systems besteht daher auch darin, daß man die Definition oder die Bedeutung der elektrischen Größen leicht aus der Einheit wiederzuerkennen vermag.

§ 13. Die Lehrmethode.

Die historisch entstandene Lehrmethode für die Elektrizitätslehre geht vom elektrischen und vom magnetischen Coulombschen Gesetz aus. Diese Gesetze machten seinerzeit, wegen ihrer Ähnlichkeit mit dem

Newtonschen Gravitationsgesetz, denselben faszinierenden Eindruck auf die Zeitgenossen. Den Proportionalitätsfaktor in diesen Gesetzen eins zu setzen und die elektromagnetischen Größen mit Hilfe der von ihnen ausgeübten Kräfte zu messen, war einfach und logisch. Leider hat uns diese logische Einfachheit in der historischen Entwicklung folgendes gebracht: 1. Die Unübersichtlichkeit der drei theoretischen CGS-Maßsysteme und damit deren verwirrende Einheiten, die niemand behalten kann; 2. die zugehörigen komplizierten Dimensionsbetrachtungen; 3. die in der Technik bisher gebräuchliche Vereinigung von praktischen Einheiten mit einigen CGS-Einheiten, die bestimmten Anforderungen genügt, jedoch für die Berechnung von Feldern unübersichtlich bleibt.

In diesem Buch wird von drei rein elektrischen Versuchen ausgegangen, welche die Erscheinungen der Leitung, der Kapazität und der Selbstinduktion betreffen und die in geänderter Form auch die Maxwellschen Gesetze ergeben. Die Feldgrößen werden elektrisch mit Hilfe von Strom- und Spannungsmessungen definiert. Für das Messen von Strömen und Spannungen kann man Instrumente gebrauchen, die auf der Wirkung mechanischer Kräfte beruhen. Prinzipiell nötig ist dies jedoch nicht, wie sich das beispielsweise bei der Festsetzung der internationalen Einheiten zeigte (vgl. § 12). Elektrische und magnetische Felder braucht man ebensowenig durch ihre Kraftwirkungen zu bestimmen; auch diese können mit Hilfe elektrischer Instrumente (z. B. Röhrenvoltmeter; bewegende Spulen, in denen Spannungen induziert werden) gemessen werden.

Die bei elektromagnetischen Erscheinungen auftretenden mechanischen Kräfte können für sich und hinterher gemessen werden. Daß es zweckmäßig ist, V und A elektrisch so festzulegen, daß $1\,\mathrm{N}\cdot\mathrm{m}=1\,\mathrm{V}\cdot\mathrm{A}\cdot\mathrm{sec}$ wird, verändert hieran prinzipiell nichts. Wir können die Lehrmethode dieses Buches so charakterisieren, daß wir zunächst den rein elektromagnetischen Teil der Elektrizitätslehre behandeln und dann erst die Verbindung mit der Mechanik herstellen. Dieser Aufbau der Elektrizitätslehre, zusammen mit dem rationalisierten Giorgischen Maßsystem mit absolutem Volt und Ampere, macht die vorliegende, bequem zu behaltende Zusammenfassung möglich. Ein großer Vorteil ist dabei, daß auch für verwickelte Formeln die Einheiten mühelos ermittelt werden können, und daß auch bei den Kraftgesetzen niemals Dimensionsschwierigkeiten auftreten.

IV. Ausgewählte Kapitel aus der Elektrizitätslehre.
§ 14. Einleitung.

Wir wollen im folgenden einige Gegenstände aus der Elektrizitätslehre besprechen, die erfahrungsgemäß oftmals Schwierigkeiten machen und wir werden dabei die praktische Anwendung der rationalisierten Giorgi-Einheiten zeigen.

§ 15. Der Unterschied zwischen Feldstärke und Induktion im elektrischen und im magnetischen Feld. Elektrischer Fluß Ψ und Potential.

Physiker, die an das Gaußsche Maßsystem gewöhnt sind, finden gewöhnlich den durch das Giorgische Maßsystem gemachten Unterschied zwischen elektrischer Induktion D und Feldstärke E und zwischen magnetischer Induktion B und Feldstärke H aus prinzipiellen Gründen unbefriedigend. Besonders scharf formuliert R. Becker[1] diese Ansicht: „Es scheint heute unmöglich zu sein, in der Wahl des Maßsystems den Ansprüchen des Elektrotechnikers und des Physikers gleichzeitig gerecht zu werden. Denn die ‚elektrotechnische' und die ‚physikalische' Auffassung der Maxwellschen Theorie ist nicht nur in der Bezeichnung, sondern auch in der Sache verschieden. Dabei schließt sich die technische Auffassung viel enger an die ursprüngliche Gestalt der Maxwell-Faradayschen Theorie an als die heutige Physik... Demgegenüber hat die heutige Physik die mit der mechanischen Äthertheorie eng verbundene prinzipielle Unterscheidung zwischen D und E vollkommen fallen gelassen. Für sie ist der elektromagnetische Zustand an einer Stelle des Vakuums vollständig beschrieben durch die Angabe eines elektrischen Vektors E und eines magnetischen Vektors B (oder H). Die im Gaußschen Maßsystem vorhandene numerische Übereinstimmung zwischen E und D (im Vakuum) ist für den Physiker nicht das Ergebnis einer willkürlichen Festsetzung, sondern der Ausdruck für die Identität beider Größen."

Wir sind dagegen der Meinung, daß die Unterscheidung zwischen D und E und zwischen B und H keineswegs abhängig ist von irgendeiner Äthertheorie, sondern sich zwanglos aus den früher besprochenen Experimenten ergibt. Der von Becker formulierte Standpunkt ist die Folge der historischen Entwicklung, durch die man bei Feldgrößen in erster Linie an mechanische Kräfte denkt. Bei diesem Gedankengang definiert man die elektrische Feldstärke E als Kraft auf die Ladungseinheit und die magnetische Induktion B als Kraft auf die Einheit des Stromelements. Da man nun in Vakuum mit Hilfe von Kräften keine anderen elektromagnetischen Vektoren definieren kann, erscheinen D und H als Hilfsgrößen zur Beschreibung von Feldern in der Materie, denen man bei der Beschreibung von Vakuumfeldern auf natürliche Weise überhaupt nicht begegnet. Diese Meinung vertritt z. B. auch R. W. P. King (s. S. 59) obwohl er das rationalisierte Giorgische Maßsystem gebraucht.

Im folgenden wollen wir in Erweiterung der früher angegebenen grundlegenden Versuche noch einige Experimente angeben, welche die Bedeutung der Vektoren D und H auch für Vakuumfelder noch deutlicher machen sollen.

In der alten Vorstellungsweise wird der Begriff Potential abgeleitet an dem Bilde einer punktförmigen Ladung, von der Kraftlinien kugelsymmetrisch nach allen Seiten bis ins Unendliche sich ausbreiten. Als Potential irgendeines Punktes im Raume wird dann die Arbeit definiert, die man braucht, um eine Ladungseinheit aus dem Unendlichen nach diesem Punkt zu bringen. Das Potential des Unendlichen wird als Null angenommen. Bei diesem Bilde und dieser Berechnung tritt allein der Vektor E auf als Kraft auf die Ladungseinheit.

---

[1] Becker, R.: Theorie der Elektrizität, S. III—IV. Leipzig und Berlin: B. G. Teubner, 1933.

Um eine umfassendere Beschreibung des Vakuums zu geben, fügen wir zu diesem Bilde noch einige Elemente hinzu, die bei der älteren Vorstellungsweise unter den Tisch gefallen sind. Wir vergrößern die punktförmige Ladung zu einer sehr kleinen leitenden Kugel, auf der dieselbe Ladungsmenge sitzt, von der wir uns jedoch vorstellen, daß sie aus vielen, z. B. positiven gleichmäßig verteilten Ladungen besteht. Wieder geht dieselbe Anzahl Kraftlinien ins Unendliche, wobei wir uns einfachheitshalber denken, daß von jeder positiven Ladung eine Kraftlinie ausgeht. Was beim alten Bilde jedoch nicht gesagt wird, darauf weisen wir jetzt nachdrücklich hin, daß sich nämlich am Ende jeder derartigen Kraftlinie eine negative Ladung befinden muß. Wir sehen, daß zur vollständigen elektrischen Beschreibung eines willkürlichen Punktes in diesem Bilde außer der Feldstärke und dem Potential noch die Kraftliniendichte gehört, die an den Enden der Kraftlinien als wirklich vorhandene Oberflächen-Ladungsdichte in Erscheinung tritt und dazwischen als influenzierbare Ladungsdichte.

Der Vektor D gibt diese Kraftliniendichte für einen willkürlichen Punkt an. Das meßbare Verhältnis zwischen Kraftliniendichte und Feldstärke ist eine kennzeichnende Größe des Vakuums ebenso wie irgend eines anderen Stoffes.

Wir sind beim elektrischen Feld auf besonders einfache, aber bisher wenig gebräuchliche Weise vom elektrischen Fluß Ψ ausgegangen und haben D als spezifischen Fluß angedeutet. Dabei wird mancher Leser nach einer Definition des elektrischen Flusses fragen, obwohl der Sinn dieses Begriffes auch schon ohne Definition deutlich geworden sein dürfte. Wir können den von einer Ladung ausgehenden Fluß durch den folgenden Versuch definieren: Umgib die Ladung mit einer vollständig geschlossenen leitenden Schale. Durch Influenz erscheint auf der Innenseite dieser Schale dieselbe Ladung wie auf der Außenseite mit entgegengesetztem Vorzeichen. Der elektrische Fluß ist dann durch die influenzierte Ladungsmenge gegeben. Für die Ausführung des Versuches braucht man zwei ineinanderpassende und sich berührende leitende Schalen, welche aus je zwei Teilen bestehen.

Wir haben im ersten Teil unseres Buches die elektromagnetischen Begriffe mit Hilfe von Strom und Spannung verdeutlicht, ohne elektromagnetische Kraftwirkungen zu erwähnen. Hier sei an einem einfachen Beispiel gezeigt, wie man dasselbe auch für die Begriffe Potential und Äquipotentialfläche erreichen kann.

Wir haben z. B. zwei Leiter im Raume; wir bringen eine ungeladene elektrisch nirgends angeschlossene sehr dünne Metallfolie im Raume an; geben wir nun dieser Folie eine solche Form, daß die Kapazität zwischen den zwei Leitern sich nicht ändert, so gibt die Metallfolie eine Äquipotentialfläche an. Bei jeder Form, die nicht einer Äquipotentialfläche entspricht, wird die Kapazität größer. Sind nun die zwei Leiter entgegengesetzt geladen, so können wir auch das Potential einer derartigen Fläche bestimmen. Wir messen die Spannung zwischen beiden Leitern mit einem statischen Voltmeter. Wir verbinden eine einstellbare Gleichspannung mit einem der Leiter und der zur Äquipotentialfläche geformten Folie.

Die Spannungseinstellung, bei welcher die Spannung zwischen den Leitern sich nicht ändert, ergibt das Potential der durch die Folie angegebenen Äquipotentialfläche.

Um den Unterschied zwischen B und H zu unterstreichen und insbesondere die Eigenschaften von H zu verdeutlichen, geben wir eine Reihe von aufeinanderfolgenden Versuchen mit idealisierten Bedingungen an.

Wir stellen uns eine sehr lange einlagig dichtbewickelte Spule vor, in die eine zweite praktisch gleichgroße und ebenso gewickelte Spule genau hineinpaßt. Wir nehmen an, daß beide Spulen keinen Widerstand haben und daß die innere durch ein widerstandsloses Amperemeter kurzgeschlossen ist. Schalten wir nun einen gewissen Strom durch die äußere Spule ein, so entsteht ein Dauerstrom gleicher Stärke in der inneren Spule in entgegengesetzter Richtung, der beim Ausschalten des äußeren Stromes wieder verschwindet. Die Erklärung ist einfach. In einer kurzgeschlossenen widerstandslosen Spule kann kein magnetisches Feld entstehen. Die Wirkung der äußeren Amperewindungen verursacht daher in den Windungen der praktisch auf demselben Platz befindlichen Spule einen Strom, der die Wirkung der äußeren Amperewindungen aufhebt.

Geben wir nun der inneren Spule einen kleineren Durchmesser, während ihre Länge und Windungszahl gleich denen der äußeren bleibt, so liefert der beschriebene Versuch dieselbe Kurzschlußstromstärke der inneren Spule.

Wenn wir die Spulen der vorhergehenden zwei Versuche durch Einwindungsspulen in der Art der Abb. 4, S. 5, ersetzen, bekommen wir ein entsprechendes Ergebnis. Die Kurzschlußstromstärke der inneren Spule bleibt gleich der Einschaltstromstärke der äußeren, unabhängig davon, ob wir den Querschnitt der inneren Spule gleich oder kleiner als denjenigen der äußeren machen. Ist das Versuchsergebnis in der beschriebenen Anordnung unabhängig vom Spulen*querschnitt* der inneren Einwindungsspule, so ist das keineswegs der Fall mit der Spulen*länge*. Machen wir die innere Spule kürzer, so sinkt die Kurzschlußstromstärke entsprechend der Länge. Diese Proportionalität bleibt solange erhalten, wie die innere Spule noch lang im Vergleich zu ihrem Durchmesser ist. Aus diesen Versuchen ist ersichtlich, daß die erzeugenden oder die das Feld aufhebenden Amperewindungen eine bestimmende Größe des magnetischen Feldes sind und daß es sinnvoll ist, diese Amperewindungen oder Ampere auf die Länge der umströmten Achse zu beziehen und so zur magnetischen Feldstärke $H \ldots$ (A/m) zu gelangen.

Man wird bemerkt haben, daß bei keinem dieser Versuche eine induzierte Spannung in den Gesichtskreis der Betrachtung gezogen wurde, daß wir also beim Anstellen dieser Versuche weder auf das Induktionsgesetz kommen noch auch das Induktionsgesetz zu kennen brauchen oder benutzen. Hiergegen könnte man noch einwenden, daß wir durch das Kurzschließen der inneren Spule unbewußt das Induktionsgesetz gebrauchen, da wir dadurch die Bedingung einführen, daß die induzierte Spannung null sein muß. Wem dieser Einwand stichhaltig erscheint, der kann die Versuche auch so ausführen, daß er das Feld in der inneren Spule aufhebt, indem er einen einstellbaren Strom durch diese schickt[1].

Wir können die Form dieser Versuchsanordnungen noch weiter entwickeln. Wir biegen die beiden ineinandergeschobenen Spulen gleicher Länge zu zwei ineinandersitzenden Ringspulen. Dann lassen wir den Windungsquerschnitt der äußeren ins Unendliche wachsen und fassen schließlich den Teil der äußeren Ringspule, der durch die innere hindurchgeht, zu einem geraden Draht zusammen, der aus dem Unendlichen kommt und ins Unendliche geht (s. Abb. 7).

Wir können nun der den Draht umgebenden Ringspule eine willkürliche Länge und Form geben, wir können sie schief oder unsymmetrisch um den Draht herumlegen, stets bleibt die Summe der in dieser Ringspule entstehenden Ströme gleich dem im Draht fließenden Strom, wenn wir diesen einschalten. Hierbei muß die Ringspule den Draht einmal umschließen, sie muß widerstandslos und kurzgeschlossen sein, wobei der Innenraum vollständig von Leitern umgeben sein muß; am einfachsten können

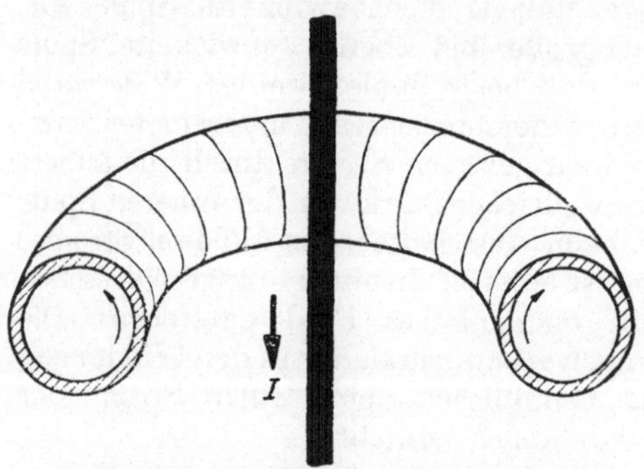

Abb. 7. Stromführender Draht, der von einer kurzgeschlossenen Ringspule einmal umfaßt wird. Beim Einschalten des Drahtstromes entstehen in dem oder den Leitern der Ringspule Ströme, deren Summe gleich dem eingeschalteten Strom ist, während ihre Richtung an der Innenseite der Ringspule der des Stromes im Draht entgegengesetzt ist. Hierbei ist vorausgesetzt, daß die Ringspule widerstandslos und engbewickelt ist oder aus einem geschlossenen hohlen leitenden Ring besteht. Die Ringspule ist nur zur Hälfte gezeichnet.

wir uns einen vollständig geschlossenen hohlen Ring aus widerstandslosem Metall denken. Dieser Ring kann dann noch beliebig lang und auf vollkommen willkürliche Manier verbogen vorgestellt werden.

Dieses Versuchsergebnis mag auf den ersten Blick verblüffend erscheinen. Hat man sich jedoch daran gewöhnt, bei der magnetischen Feldstärke nicht an Kräfte zu denken, was auch nicht zulässig ist, sondern an induzierbare Kurzschlußamperewindungen je Längeneinheit, dann verschwinden die Schwierigkeiten. Niemand verwundert sich nämlich darüber, daß eine offene Drahtwindung um einen von Wechselfluß durchsetzten Eisenkern stets dieselbe Leerlaufwechselspannung liefert, unabhängig davon, wie groß die Windung ist und welchem Weg sie folgt: $\oint E_s \, \mathrm{d}s = -\dot\Phi$. Der entsprechende Tatbestand liegt hier vor: $\oint H_s \, \mathrm{d}s = I$; man braucht sich daher auch hier nicht zu verwundern. Es sei erwähnt, daß in der Starkstromtechnik benutzte Stromwandler auf dem Prinzip der Abb. 7 beruhen. Es ist zum Schluß dieser Versuchsreihe über die magnetische Feldstärke vielleicht noch nützlich, darauf zu weisen, auf welche Schwierigkeiten man stößt, wenn man den einfachen Tatbestand

---

[1] Vgl. auch Wien-Harms: Handbuch der Experimentalphysik, Band XI, 1. Teil: Mie, G.: Elektrodynamik, S. 19—23. Leipzig: Akademische Verlagsgesellschaft, 1932.

der Abb. 7 mit Hilfe des Induktionsgesetzes, d. h. mit Hilfe der Induktion B unter Ausschaltung des Begriffs Feldstärke H berechnen wollte. Dazu müßte man für alle denkbaren Ringspulen den Kopplungsfaktor mit dem Draht und die Induktivität kennen, um zunächst die Leerlaufspannung und dann den Kurzschlußstrom berechnen zu können.

Versuche, die zum Begriff der magnetischen Induktion B führen, können wir gleichfalls mit einer der soeben angegebenen Versuchsanordnungen anstellen. Wir nehmen als äußere Spule eine lange widerstandsfreie Einwindungsspule, bei der wir stets denselben Strom ein- oder ausschalten. Als innere Spule benutzen wir wieder eine Einwindungsspule, von der wir jedoch nun den Impuls der offenen Spannung $\int V \, dt$ beim Ein- oder Ausschalten des äußeren Stromes mittels eines ballistischen Voltmeters mit vernachlässigbarem Stromverbrauch und Kapazität messen.

Machen wir den Spulenquerschnitt der inneren Spule praktisch gleich dem der äußeren, wobei die Spulen ineinandergeschoben und voneinander isoliert sind, so tritt an der inneren Spule ein bestimmter Spannungsimpuls auf, der gleich demjenigen ist, den wir auch an der äußeren beim Einschalten messen könnten. Im Gegensatz zu den Ergebnissen der Versuche bezüglich der Feldstärke können wir jedoch die Länge der inneren Spule verringern, ohne daß der Spannungsimpuls sich ändert; machen wir jedoch den Spulenquerschnitt der inneren Spule kleiner, so sinkt der Spannungsimpuls proportional diesem Querschnitt. Wir erinnern daran, daß der Kurzschlußstrom der inneren Spule gerade unabhängig vom Spulenquerschnitt und proportional der Spulenlänge war. Aus diesen Versuchen ist ersichtlich, daß die induzierbaren Spannungsimpulse eine bestimmende Größe des magnetischen Feldes sind und daß es sinnvoll ist, diese Spannungsimpulse auf den umfaßten Querschnitt zu beziehen und so zur magnetischen Induktion $B \ldots (\mathrm{V} \cdot \sec/\mathrm{m}^2)$ zu gelangen.

Soweit bekannt, ist im Vakuum B proportional H, so daß man auf einfache Weise den einen Vektor durch den anderen ausdrücken kann. Daraus jedoch auf die „wirkliche Identität beider Größen" zu schließen, erscheint uns ebensowenig berechtigt, wie wenn man wegen der Proportionalität des Spannungsfalls je Längeneinheit und der Stromdichte in einem bestimmten Leitermaterial die wirkliche Identität dieser beiden Begriffe behaupten würde.

Was jedoch unserer Meinung nach hinter der durch Becker formulierten Ansicht steckt, ist die richtige Einsicht, daß man durch Zuhilfenahme anderer, in Gesetzesform gebrachten Beobachtungen, z. B. des elektrostatischen Coulombschen Gesetzes, die influenzierende Wirkung des elektrischen Feldes, die wir mit Hilfe des Vektors D beschrieben haben, aus den Kraftwirkungen dieses Feldes ableiten kann, so wie man z. B. auch den Begriff Temperatur auf Kräfte und Bewegungen von Molekülen zurückführen kann. Dadurch braucht jedoch der Wert dieser Begriffe für die Beschreibung der elektrischen, bzw. Wärmeerscheinungen nicht berührt zu werden.

Zusammenfassend können wir sagen: Die philosophische Frage, ob im Vakuum E und D bzw. H und B im Wesen vielleicht doch dasselbe sind, brauchen wir nicht zu entscheiden. Der eine kann E und D als verschiedene Größen auch im Vakuum auffassen, der andere kann sie als zwei Aspekte derselben Größe betrachten, so wie man z. B. Schwere und Trägheit als zwei apart meßbare Aspekte des einen Begriffs Masse ansieht. Unsere Darstellung wird dadurch nicht beeinflußt.

§ 16. ε_0, μ_0 und die Lichtgeschwindigkeit.

Der Zusammenhang zwischen den Naturkonstanten ε_0 und μ_0 und der Fortpflanzung elektromagnetischer Wellen läßt sich am einfachsten an der Fortpflanzung des elektromagnetischen Feldes in einer unendlich langen Leitung zeigen. Wir stellen uns hierbei eine Leitung vor, die aus zwei flachen, parallelen Metallstreifen mit der verhältnismäßig großen Breite $b \ldots$ (m) und dem kleinen gegenseitigen Abstand $d \ldots$ (m) in Vakuum besteht; der Ohmsche Widerstand der Leiter sei vernachlässigbar klein.

Verbinden wir den Anfang der zwei Leiter mit einer Gleichspannung $V \ldots$ (V), so nehmen die Leiter diese Spannung nicht augenblicklich in ihrer ganzen Länge an. Durch das Zusammenspiel von Kapazität und Induktivität pflanzt sich der Spannungszustand mit einer endlichen Geschwindigkeit $v \ldots$ (m/sec) längs der Leitung fort. Ist die Kapazität zwischen den Leitern je Längeneinheit $C' \ldots$ (F/m), so wird für jeden Meter der Leitung, der auf die Spannung V gebracht werden muß, eine Ladung von $V C' \ldots$ (C/m) gebraucht. Pflanzt sich also der Ladungszustand, d. h. das elektrische Feld, zwischen den Leitern mit der Geschwindigkeit v längs der Leitung fort, so muß die Spannungsquelle je Sekunde die Ladung $V C' v$ liefern. Das bedeutet aber, daß in der Leitung bis zu dem Punkt, der gerade geladen wird, der Strom $I = V C' v \ldots$ (A) fließt. Ist nun die Induktivität der durch die zwei Leiter gebildeten Schleife je Längeneinheit $L' \ldots$ (H/m), so geht durch die Fläche zwischen den Leitern für jeden durch diesen Strom durchflossenen Meter Länge der magnetische Fluß $I L' \ldots$ (Wb/m). Für jedes folgende Meter, das vom Strom durchflossen wird — und das sind je Sekunde v Meter — muß dieser Fluß neu gebildet werden, wodurch eine induktive Gegenspannung $I L' v$ entsteht. Der Strom I wird nun so stark, daß diese Gegenspannung gleich der aufgedrückten Spannung wird: $I L' v = V \ldots$ (V)[1]. Daraus folgt:

$$v^2 = 1/L' C' \ldots (\text{m}^2/\text{sec}^2). \tag{78}$$

Bei $b \gg d$ werden das elektrische und das magnetische Feld zwischen den Leitern homogen. Jedes Meter bildet einen flachen Kondensator mit der Kapazität $C' = \varepsilon_0 b/d$ und eine lange Einwindungsspule mit der Windungs-

---

[1] Bei einer Kapazität $C \ldots$ (F) denkt man gewöhnlich an den Strom infolge einer Spannungsänderung: $I = C \, dV/dt$. Bei einer Induktivität $L \ldots$ (H) denkt man gewöhnlich an die Spannung infolge einer Stromänderung: $V = L \, dI/dt$. Hier handelt es sich jedoch um einen Strom infolge einer Kapazitätsänderung bei gleichbleibender Spannung: $I = V \, dC/dt$, und um eine Spannung infolge einer Induktivitätsänderung bei gleichbleibendem Strom: $V = I \, dL/dt$.

fläche $1 \cdot d$ und der Länge b, also der Induktivität $L' = \mu_0 \, d/b$ [s. Gl. (19) und (41)].

Genau genommen fehlen bei dieser Einwindungsspule zwei Seiten mit der Höhe d und der Länge b. Der magnetische Fluß schließt sich hier im Außenraum nur um jeden der zwei Leiter und bei der richtigen Spule auch um die zwei hier fehlenden Seiten. Die Größe des Flusses bleibt jedoch dieselbe, da bei einer langen Spule der magnetische Widerstand des Außenraumes vernachlässigt werden kann, unabhängig davon, ob der Fluß sich um zwei oder vier Seiten der Spule schließt.

Setzen wir diese Werte für L' und C' und außerdem diejenigen für ε_0 und μ_0 in die für v^2 gefundene Formel ein, so zeigt sich, daß die Fortpflanzungsgeschwindigkeit des elektromagnetischen Feldes zwischen den Leitern gleich der Lichtgeschwindigkeit ist:

$$v^2 = 1/\varepsilon_0 \, \mu_0 = c^2 \ldots (\text{m}^2/\text{sec}^2). \tag{79}$$

Der in der Differential- und Vektorrechnung Geübte kann dieses Ergebnis auch aus den Maxwellschen Gleichungen (55) und (60) erhalten. Nun ist bekannterweise die Schallgeschwindigkeit in festen Körpern durch

$$v^2 = E/\varrho \ldots (\text{m}^2/\text{sec}^2) \tag{80}$$

[E Elastizitätsmodul $\ldots$ (N/m^2); ϱ Dichte $\ldots$ (kg/m^3)] gegeben. Dieses Gesetz kann man ebenfalls am einfachsten an unendlich langen Stäben ableiten und in einer groben Analogie sagen wir, daß $1/\varepsilon_0$ und μ_0 für den Äther dasjenige sind, was der Elastizitätsmodul und die Dichte für den Stoff bedeuten, nämlich die Naturkonstanten, welche die Fortpflanzungsgeschwindigkeit von Wellen in diesen Medien bestimmen. Eine weitergehende Durchführung dieser Analogie in dem Sinne, daß dem Äther eine bestimmte mechanische Elastizität und Dichte zugeschrieben werden könne, gelingt jedoch nicht.

§ 17. Magnetischer Kreis und Transformator.

Magnetischer Kreis mit homogenem Feld, Querschnitt des Eisens $A \ldots$ $\ldots$ (m^2), Länge $s \ldots$ (m), unterbrochen durch einen schmalen Luftspalt desselben Querschnittes und der Länge $d \ldots$ (m). Gefragt die für eine bestimmte Induktion $B \ldots$ (Wb/m^2) nötige magnetomotorische Kraft I in A, die im ganzen durch den Fluß umschlossen werden, mit anderen Worten die Amperewindungen. Relative Permeabilität des Eisen μ_r.

$$I = H_e \, s + H \, d = B \, [(s/\mu_r) + d]/\mu_0 \ldots (\text{A}). \tag{81}$$

Oftmals kann man die für den Eisenweg nötige Feldstärke H_e aus einer Kurve ablesen, bei welcher die Induktion in Gauß und die Feldstärke in A/cm angegeben sind. Man muß dann das in Wb/m^2 gegebene B mit 10^4 multiplizieren, um es in Gauß zu erhalten. Sodann muß die aus der Kurve abgelesene Feldstärke mit 10^2 multipliziert werden, um H_e in A/m zu bekommen. Die gesuchten Amperewindungen findet man durch Einsetzen dieses H_e in die folgende Gleichung:

$$I = H_e \, s + B \, d/\mu_0 \ldots (\text{A}). \tag{82}$$

Der Effektivwert der Spannung an einem Transformator ist:

$$V = n \, \omega \, \Phi_m/\sqrt{2} = 4{,}44 \, n f \Phi_m \ldots (\text{V}) \tag{83}$$

[n Windungszahl der betreffenden Wicklung, ω Kreisfrequenz und f Frequenz ... (sec^{-1}) des sinusförmig sich ändernden Wechselflusses, dessen maximaler Wert Φ_m ... (Wb) ist].

§ 18. Elektrische und magnetische Polarisation, Elektrisierung, Magnetisierung.

Der unbefangene Leser weiß, daß durch das Füllen eines flachen Luftkondensators mit einem Dielektrikum dessen Kapazität ε_r-mal größer wird und daß durch das Füllen einer Luftringspule mit einem Magnetikum deren Induktivität μ_r-mal größer wird. Er beschreibt diese Erscheinung folgendermaßen: Im Kondensator wird bei gegebener Spannung der Fluß Ψ und damit die Induktion D ε_r-mal größer; in der Ringspule wird bei gegebenen Strom der Fluß Φ und damit die Induktion B μ_r-mal größer. Nun begegnet der Leser in der Literatur über Dielektriken und Magnetiken den Begriffen elektrische Polarisation P und magnetische Polarisation J. Wenn er herausbekommen will, was man damit meint, so wird er in Verwirrung gebracht durch die Definitionen $D = E + 4\pi P$ und $B = H + 4\pi J$ in Gaußschen Einheiten. Das Verwirrende in diesen Gleichungen entsteht durch den unmotiviert wirkenden Faktor 4π und durch das Gleichsetzen von Induktionen mit Feldstärken. Letzteres kann beim Gaußschen Maßsystem im Prinzip verteidigt werden, jedoch bleibt zweifelhaft, ob man beispielsweise beim Begriff magnetische Polarisation an eine Beeinflussung der Feldstärke H ... (Oersted), die mit Amperewindungen zusammenhängt, denken soll, oder an eine Beeinflussung der Induktion B ... (Gauß), die den magnetischen Fluß beschreibt.

Die folgenden Auseinandersetzungen wollen dies verdeutlichen, und zwar werden die genannten Begriffe mit Betrachtungen über das Stromfeld (hier Gleichstrom im Leiter) erläutert. Die Betrachtungen werden für das Stromfeld gegeben, weil dabei die Begriffe, Vorstellungen und Einheiten für jeden dieselben sind. Die Übersetzung aus dem Stromfeld in das elektrische und das magnetische Feld wird dem Leser überlassen.

Die für diese Übersetzung analogen Größen sind in Tab. 1 zusammengestellt[1].

Gegeben ein Ring konstanten Querschnittes aus einem beliebigen homogenen leitenden Werkstoff. Sein Radius sei so groß, daß sein Innen- und Außenumfang praktisch gleich lang sind, und zwar s ... (m). Eine konstante Gleichspannung V ... (V), die beispielsweise durch eine sehr dünne, irgendwo im Ring angebrachte Batterie oder durch ein sich gleichförmig änderndes, die innere Fläche des Ringes durchsetzendes magnetisches

---

[1] Die hier angegebenen Analogien ergeben sich aus dem Umstand, daß die Spannung V ... (V) und die magnetomotorische Kraft I ... (A) das Linienintegral von E ... (V/m) bzw. H ... (A/m) sind, während der Strom I ... (A), der elektrische Fluß Ψ ... (C) und der magnetische Fluß Φ ... (Wb) das Flächenintegral von S ... (A/m^2), D ... (C/m^2) bzw. B ... (Wb/m^2) sind. Einige Physiker ziehen für bestimmte Betrachtungen eine Analogie zwischen E und B, und zwischen D und H vor (s. z. B. Sommerfeld, A.: Über die Dimensionen der elektromagnetischen Größen. Zeitschrift für technische Physik *16*, 420—424 [1935]).

Tabelle 1. *Analoge Größen*
für die Umrechnung aus dem Stromfeld in das elektrische und magnetische Feld.

Stromfeld		elektrisches Feld		magnetisches Feld	
Feldstärke	$E \quad \ldots (V/m)$	Feldstärke	$E \quad \ldots (V/m)$	Feldstärke	$H \quad \ldots (A/m)$
Stromdichte	$S \quad \ldots (A/m^2)$	Induktion	$D \quad \ldots (C/m^2)$	Induktion	$B \quad \ldots (Wb/m^2)$
Spezifischer Leitwert des Widerstandsmaterials	$\gamma_0 \quad \ldots (S/m)$	Influenzkonstante	$\varepsilon_0 \quad \ldots (F/m)$	Induktions-konstante	$\mu_0 \quad \ldots (H/m)$
Faktor für Kupfer im Beispiel	a	Relative Dielektrizitäts-konstante	ε_r	Relative Permeabilität	μ_r
Spezifischer Leitwert im Beispiel	$\gamma = a\,\gamma_0 \quad \ldots (S/m)$	Dielektrizitäts-konstante	$\varepsilon = \varepsilon_r\,\varepsilon_0 \quad \ldots (F/m)$	Permeabilität	$\mu = \mu_r\,\mu_0 \quad \ldots (H/m)$
Summenglied im Beispiel	$K \quad \ldots (A/m^2)$	Elektrische Polarisation	$P \quad \ldots (C/m^2)$	Magnetische Polarisation	$J \quad \ldots (Wb/m^2)$
Spannung	$V = E\,s \quad \ldots (V)$	Spannung	$V = E\,s \quad \ldots (V)$	„Magnetische Spannung"	$I = H\,s \quad \ldots (A)$
Strom	$I = S\,A \quad \ldots (A)$	Fluß	$\Psi = D\,A \quad \ldots (C)$	Fluß	$\Phi = B\,A \quad \ldots (Wb)$
Widerstand	$R = s/\gamma\,A \quad \ldots (1/S)$	Dielektrischer Widerstand	$= s/\varepsilon\,A \quad \ldots (1/F)$	Magnetischer Widerstand	$= s/\mu\,A \quad \ldots (1/H)$
Pluspol		Pluspol		Nordpol	

Feld erzeugt wird, läßt einen Strom durch den Ring fließen. Die Spannung ist gleichmäßig über die Länge verteilt, die Feldstärke ist überall $E_0 = V/s \ldots$ (V/m).

Machen wir den Ring aus Widerstandsmaterial mit dem spezifischen Leitwert $\gamma_0 \ldots$ (S/m), so wird die Stromdichte $S_0 = \gamma_0 E_0 \ldots$ (A/m²); machen wir ihn aus Kupfer, dessen spezifischer Leitwert a-mal größer ist, so wird die Stromdichte $a\,S_0$. Einer Methode folgend, die bei Physikern für Dielektriken und Magnetiken gebräuchlich ist, können wir die Stromdichte in Kupfer auch als die Summe der bei derselben Feldstärke in Widerstandsmaterial auftretenden Stromdichte und der Stromdichte $K \ldots$ (A/m²), die wegen der besseren Leitung des Kupfers hinzukommt, beschreiben. Allgemein gesprochen bekommen wir also bei einer beliebigen Feldstärke E_k im Kupfer, die mit einem Spannungsmesser bestimmt werden kann, eine Stromdichte S_k, deren Wert mit einem Strommesser ermittelt werden kann und die wir auf zwei Weisen beschreiben können:

$$S_k = a\,\gamma_0\,E_k \ldots \text{(A/m}^2) \tag{84}$$

oder

$$S_k = S + K \ldots \text{(A/m}^2). \tag{85}$$

S ist die Stromdichte in Widerstandsmaterial bei der Feldstärke E_k, mithin ist

$$S = S_k/a = \gamma_0\,E_k \ldots \text{(A/m}^2). \tag{86}$$

Weiterhin ist

$$K = S_k\,(1 - 1/a) = S\,(a - 1) \ldots \text{(A/m}^2). \tag{87}$$

Gestalten wir den Ring nun so, daß ein Teil s_k seiner Länge aus Kupfer und der Rest d aus Widerstandsmaterial besteht, so wird die Spannung V verschieden über diese zwei Teile verteilt. Die Spannung an s_k wird $V_k = V\,s_k/(s_k + a\,d)$, die Feldstärke im Kupfer $E_k = V_k/s_k = V/(s_k + a\,d)$, d. h. kleiner als zuerst, als sie $E_0 = V/s = V/(s_k + d)$ war.

Diese einfache Erscheinung bedarf eigentlich keiner Erläuterung. Entsprechend einer Beschreibungsweise, die durch Physiker bei Ferromagnetiken angewendet wird, kann man sie jedoch folgendermaßen interpretieren: Bei den zwei Übergängen zwischen Kupfer und Widerstandsmaterial entstehen ein Plus- und ein Minuspol, deren Spannung im Kupfer derjenigen der Quelle entgegengesetzt ist. Die Stromdichte S_k im Kupfer und damit ihre Teile S und K sind alle um denselben Faktor kleiner als im vollständig kupfernen Ring. Gibt man nun die ursprüngliche Feldstärke E_0 in den homogen gefüllten Ringen und die zugehörige Stromdichte S_0 für Widerstandsmaterial, so kann man E_k und S aus diesen Größen durch Subtraktion eines bestimmten Ausdrucks entstanden denken und zwar folgendermaßen:

$$S = S_0 - N\,K \ldots \text{(A/m}^2), \tag{88}$$

$$E_k = E_0 - N\,K/\gamma_0 \ldots \text{(V/m)}. \tag{89}$$

Der Zahlenfaktor N, der mit dem Entelektrisierungsfaktor des elektrischen Feldes und mit dem Entmagnetisierungsfaktor des magnetischen Feldes identisch ist, hängt ausschließlich von den Maßen und der Teilung des

Ringes ab und nicht von dem Leitwertsverhältnis a der beiden Werkstoffe. Im vorliegenden Beispiel ist:

$$N = (S_0 - S)/K = (E - E_k)/E_k\,(a - 1) = d/s. \tag{90}$$

Die Anwendung von N vereinfacht bestimmte Berechnungen. Hier sind einige Beispiele.

Gegeben N und a. Gesucht a_{eff}, d. h. wieviel besser der geteilte Ring aus Kupfer und Widerstandsmaterial leitet als der vollständig aus Widerstandsmaterial bestehende Ring.
Antwort:

$$a_{\mathrm{eff}} = a/[1 + N\,(a - 1)]. \tag{91}$$

Gegeben: Ursprüngliche Feldstärke E_0, N und a. Gesucht E_k im Kupfer und E_w im Widerstandsmaterial.
Antwort:

$$E_k = E_0/[1 + N\,(a - 1)] \ldots (\mathrm{V/m}), \tag{92}$$
$$E_w = a\,E_k \ldots (\mathrm{V/m}).$$

Unser Beispiel des geteilten Ringes war besonders einfach, weil das Stromfeld im Widerstandsmaterial und das im Kupfer homogen waren und dieselbe Dichte hatten. Bringt man in Widerstandsmaterial, in dem ein homogen verteilter Strom läuft, ein Stück Kupfer von willkürlicher Form an, so wird die Stromverteilung in beiden Stoffen inhomogen. Bildet das Kupfer jedoch eine Kugel oder ein Ellipsoid, so tritt allein im Widerstandsmaterial eine inhomogene Stromverteilung auf, im Kupfer wird sie homogen. Für den Fall, daß die lange Achse eines Rotationsellipsoids in der Stromrichtung liegt, sind in Tab. 2 für verschiedene Quotienten von Länge und größtem Durchmesser die Faktoren N angegeben, mit denen man die Feldstärke E_k im Kupfer aus der ursprünglichen Feldstärke E_0 ableiten kann.

Tabelle 2. *Faktor N,*
identisch mit dem Entelektrisierungsfaktor des elektrischen und dem Entmagnetisierungsfaktor des magnetischen Feldes.

$\dfrac{\text{Länge}}{\text{Dicke}}$	0 Platte	1 Kugel	10	20	50	100	500	∞ langer Draht
N	1	$1/3$	$2{,}03 \cdot 10^{-2}$	$6{,}8 \cdot 10^{-3}$	$1{,}4 \cdot 10^{-3}$	$4 \cdot 10^{-4}$	$2{,}4 \cdot 10^{-5}$	0

Es sei noch erwähnt, daß für ein Ellipsoid die Summe der drei Faktoren N, die man erhält, wenn man nacheinander die drei Achsen in die Stromrichtung legt, eins ist.

Diese Betrachtungen und Definitionen können mit Hilfe der oben angegebenen Analogien auch für das elektrische und das magnetische Feld gebraucht werden. An die Stelle des Widerstandsmaterials tritt Vakuum oder Luft, an die Stelle des Kupfers das Dielektrikum oder das Magnetikum. Man achte jedoch darauf, daß die Verhältnisse dieselben bleiben. Überträgt man beispielsweise unsere Besprechung des geteilten Ringes für das magnetische Feld auf einen eng bewickelten eisernen Ring mit einem Luftspalt, so muß die Länge dieses Spaltes klein sein im Vergleich mit den Quermaßen des Ringes, da anders die Induktion im Spalt nicht mehr dieselbe wie im Eisen ist.

Die Begriffe elektrische Polarisation P und magnetische Polarisation J haben nicht nur eine formelle Bedeutung, wie unsere Größe K beim Stromfeldbeispiel, sondern sind ein Maß für die atomaren Veränderungen der Materie durch Felder, worüber wir schon in § 3 und § 4 gesprochen haben. Man versucht, aus atomaren Eigenschaften P und J zu berechnen und eventuell im gewünschten Sinn zu beeinflussen; man kann dann aus diesen Größen die für die Praxis wichtigen ε_r und μ_r ableiten.

Die relative Permeabilität μ_r von Eisen und anderen Ferromagnetiken ist nicht konstant, sondern abhängig von der Feldstärke und von der Vorgeschichte des Materials. Die Messung der Hysteresisschleife (μ_r, B oder J in Abhängigkeit von H oder $\mu_0 H$ bei zu- und abnehmendem H, positiv und negativ bis zur Sättigung) ist dann auch eine der wichtigsten Arbeiten beim Untersuchen von Ferromagnetiken. Am besten verrichtet man die Messungen an einem geschlossenen Ring des betreffenden Werkstoffes. Geschlossene Ringe sind jedoch schwieriger herzustellen und zu bewickeln als beispielsweise Stäbe. Auf Grund unserer Betrachtungen kann man jedoch auch aus Messungen an einem Stab die für einen Ring geltende Hysteresisschleife ermitteln, und zwar folgendermaßen:

Eine lange Spule, deren Länge groß im Vergleich mit derjenigen des Probestabes ist, wird durch einen Gleichstrom durchflossen und erzeugt in ihrem Innern ein homogenes magnetisches Feld der Stärke $H_0 \ldots$ (A/m) und der Induktion $B_0 = \mu_0 H_0 \ldots$ (Wb/m²). Eine Meßspule, die mit einem ballistischen Voltmeter verbunden ist, befindet sich in diesem homogenen Feld, mit ihrer Achse parallel zur Feldspulenachse. Der Ausschlag des Voltmeters beim Ein- und beim Ausschalten des Stromes in der Feldspule ist ein Maß für B_0 und für H_0, das wir auch aus den Daten und dem Strom der Feldspule berechnen können. Wir bringen den Probestab in die Meßspule.

Da der magnetische Leitwert im Stab wegen seiner Polarisation μ_r-mal größer ist als derjenige von Luft, verteilt sich die magnetische Spannung $\int H_0 \, ds \ldots$ (A) [$s \ldots$ (m) Länge der Feldspule] ungleichmäßig über den Luftweg und den Weg im Magnetikum, wie wir im Stromfeldbeispiel gesehen haben. Die Feldstärke im Magnetikum wird [vgl. (89)]:

$$H_m = H_0 - N J/\mu_0 \ldots \text{(A/m)}, \tag{93}$$

worin J die Differenz der Induktionen B_m und B ist, die bei der Feldstärke H_m im Magnetikum, bzw. in Luft auftreten, d. h. [vgl. (85)]:

$$J = B_m - B \ldots \text{(Wb/m}^2), \tag{94}$$

$$B = \mu_0 H_m \ldots \text{(Wb/m}^2). \tag{95}$$

Mittels des ballistischen Voltmeters können wir ($B_m - B_0$) messen, wenn wir bei eingeschaltetem Feld den Probestab schnell aus der Meßspule entfernen. Für N setzen wir annäherungsweise den Entmagnetisierungsfaktor des Rotationsellipsoids mit derselben Länge und größten Dicke ein.

Wir erhalten aus (93) unter Benutzung von (94):

$$J = (B_m - B_0)/(1 - N) \ldots (\text{Wb/m}^2), \tag{96}$$

$$\mu_0 H_m = B_0 - N (B_m - B_0)/(1 - N) \ldots (\text{Wb/m}^2). \tag{97}$$

Hieraus folgt mit Hilfe von Gl. (94) und (95) B_m, wodurch wir auch

$$\mu_r = B_m/B = B_m/\mu_0 H_m \tag{98}$$

berechnen können. μ_r, B_m oder J als Funktion von H_m oder $\mu_0 H_m$ aufgezeichnet ergibt die Kurve, die wir auch an einem geschlossenen Ring mit der Feldstärke H_m direkt gemessen hätten.

Es war bisher gebräuchlich, die magnetischen Eigenschaften von Eisen im elektromagnetischen CGS- und im Gaußschen Maßsystem durch eine (B, H)-, bzw. (J, H)-Kurve anzugeben. Hierbei wurden B in Gauß, H in Oersted oder streng genommen in Gauß, und J ebenfalls in Gauß gegeben, wobei man jedoch den Wert von J erst mit 4π multiplizieren muß, bevor man ihn zum H-Wert addieren kann: $B = H + 4\pi J$. Die (B, H)-Kurve ist dann für Vakuum bei gleichem Koordinatenmaßstab eine Gerade unter 45^0, während μ_r für Eisen gleich dem Quotient von Ordinate und Abszisse ist. Um die Eigenschaften dieser (B, H)-Kurve beizubehalten, empfehlen wir, bei Anwendung rationalisierter Giorgi-Einheiten eine $(B, \mu_0 H)$-Kurve, die $B = \mu_0 H + J$ entspricht, zu gebrauchen. Die Ordinate und die Abszisse haben dann dieselbe Einheit Wb/m². Bei der $(J, \mu_0 H)$-Kurve kann man die zugeordneten Werte von J und $\mu_0 H$ addieren, um B zu erhalten. Da für B 1 Wb/m² = 10 000 Gauß ist, kann man die neuen Ordinatenwerte von B aus den alten mittels Division durch 10^4 ermitteln. Aus den neuen B-Werten kann man dann mit Hilfe des unveränderten μ_r die neuen Abszissenwerte ableiten: $\mu_0 H = B/\mu_r$.

Der am Anfang dieses Paragraphen erwähnte unbefangene Leser wird durch diese Beschreibungsweise befriedigt sein. Wir wollen aber nicht verschweigen, daß einige Physiker, die an die inneren Vorgänge in der Materie denken, beim elektrischen Feld von der Induktion D ausgehen wollen und beim magnetischen Feld von der Feldstärke H. Im Dielektrikum wirken nämlich molekulare Dipole, d. h. Ladungen, bei denen man ohne weiteres an den entsprechenden Fluß und die Induktion D denkt; im Magnetikum begegnen wir dagegen Kreisströmen, so daß man an Amperewindungen und damit an die Feldstärke H denkt. Um allen möglichen Gedankengängen gerecht zu werden und um Verwirrung und die gebräuchlichen endlosen Diskussionen zu vermeiden, können wir darum noch die Größen Elektrisierung $F \ldots$ (V/m) und Magnetisierung $M \ldots$ (A/m) einführen, welche die Erniedrigung der Feldstärke durch die Materie im Vergleich mit der Vakuumfeldstärke E_0, bzw. H_0 beschreiben. Diese Begriffe müssen dann deutlich von der elektrischen Polarisation $P \ldots$ (C/m²) und der magnetischen Polarisation $J \ldots$ (Wb/m²) unterschieden werden, welche die Erhöhung der Induktion durch die Materie im Vergleich mit der Vakuuminduktion D_0, bzw. B_0 beschreiben. Zu diesen vier Begriffen gelangt man folgendermaßen: Füllen wir einen Vakuumkondensator bei konstanter Spannung und damit konstanter Feldstärke E mit einem Dielektrikum, so wird sein Fluß und damit die Induktion D ε_r-mal größer als in Vakuum:

$$D = \varepsilon_r D_0 = \varepsilon_r \varepsilon_0 E \ldots (\text{C/m}^2). \tag{99}$$

Diesen Versuch können wir auch additiv beschreiben:

$$D = D_0 + P = \varepsilon_0 E + P \dots (\text{C/m}^2). \tag{100}$$

Füllen wir eine Vakuumringspule bei konstantem Strom und damit konstanter Feldstärke H mit einem Magnetikum, so wird ihr Fluß und damit ihre Induktion B μ_r-mal größer als in Vakuum:

$$B = \mu_r D_0 = \mu_r \mu_0 H \dots (\text{Wb/m}^2). \tag{101}$$

Diesen Versuch können wir auch additiv beschreiben:

$$B = B_0 + J = \mu_0 H + J \dots (\text{Wb/m}^2). \tag{102}$$

Über dieselben physikalischen Erscheinungen kann man auch zwei andere Versuche anstellen.

Füllen wir einen Vakuumkondensator bei konstanter Ladung, d. h. konstantem Fluß und damit konstanter Induktion D, mit einem Dielektrikum, so wird seine Spannung und damit die Feldstärke E der ε_r-te Teil von derjenigen in Vakuum:

$$E = E_0/\varepsilon_r = D/\varepsilon_0 \varepsilon_r \dots (\text{V/m}). \tag{103}$$

Diesen Versuch können wir auch subtraktiv beschreiben:

$$E = E_0 - F = D/\varepsilon_0 - F \dots (\text{V/m}). \tag{104}$$

Füllen wir eine Vakuumringspule bei konstant gehaltenem Fluß und damit konstanter Induktion B mit einem Magnetikum, so wird der zur Erzeugung des Flusses nötige Strom und damit die Feldstärke H der μ_r-te Teil von derjenigen in Vakuum:

$$H = H_0/\mu_r = B/\mu_0 \mu_r \dots (\text{A/m}). \tag{105}$$

Diesen Versuch können wir auch subtraktiv beschreiben:

$$H = H_0 - M = B/\mu_0 - M \dots (\text{A/m}). \tag{106}$$

Es ist:

$$P = \varepsilon_0 F \dots (\text{C/m}^2), \tag{107}$$

$$J = \mu_0 M \dots (\text{Wb/m}^2). \tag{108}$$

Wir können dann die Gleichungen für Felder in der Materie schreiben:

$$D = \varepsilon_r \varepsilon_0 E = \varepsilon_r D_0 = D_0 + P \dots (\text{C/m}^2), \tag{109}$$

$$B = \mu_r \mu_0 H = \mu_r B_0 = B_0 + J \dots (\text{Wb/m}^2) \tag{110}$$

oder

$$D = \varepsilon_0 (E + F) \dots (\text{C/m}^2), \tag{111}$$

$$B = \mu_0 (H + M) \dots (\text{Wb/m}^2). \tag{112}$$

Dabei entsprechen Gl. (109) und (110) der Gl. (85) in unserem oben ausgearbeiteten Stromfeldbeispiel. Der hier gebrauchte Index $_0$ bei D und B wird dort nicht angewendet, weil später S_0 bei der Analogie zur Entmagnetisierung noch in anderer Bedeutung gebraucht wird.

In diesem Zusammenhang können noch die folgenden Begriffe benutzt werden, auf die wir nicht ausführlicher eingehen wollen[1]:

---

[1] Vgl. hierzu beispielsweise: R. W. Pohl, s. Fußnote 1, S. 9, a. a. O. S. 57, 45, 103, 98.

Die elektrische Polarisation P ist auch das elektrische Dipolmoment je Volumeneinheit:

$$P = p/V \ \ldots \ (\text{C/m}^2). \tag{113}$$

Hierin ist das elektrische Dipolmoment:

$$p = Q\,s \ \ldots \ (\text{C} \cdot \text{m}) \tag{114}$$

(zwei entgegengesetzte Ladungen Q im Abstand s voneinander).

Das maximale Drehmoment M_{mech}, das auf das elektrische Dipolmoment p in einem Feld mit der Feldstärke $E \ldots$ (V/m) ausgeübt wird, ist:

$$M_{\text{mech}} = p\,E \ \ldots \ (\text{N} \cdot \text{m}). \tag{115}$$

Die magnetische Polarisation J ist auch das magnetische Dipolmoment je Volumeneinheit:

$$J = j/V \ \ldots \ (\text{Wb/m}^2). \tag{116}$$

Hierin ist das magnetische Dipolmoment:

$$j = \Phi\,s \ \ldots \ (\text{Wb} \cdot \text{m}) \tag{117}$$

(langer dünner Stabmagnet oder Spule der Länge s, durch welche der Fluß Φ geht; hierbei hat man im Außenraum angenähert das Feldbild von zwei Magnetpolen im Abstand s) oder allgemein:

$$j = \mu_0\, n\, I\, A \ \ldots \ (\text{Wb} \cdot \text{m}) \tag{118}$$

(vom Strom I durchflossene Spule mit n Windungen des Windungsquerschnittes A).

Das maximale Drehmoment M_{mech}, das auf das magnetische Dipolmoment j in einem Feld mit der Feldstärke $H \ldots$ (A/m) ausgeübt wird, ist

$$M_{\text{mech}} = j\,H \ \ldots \ (\text{N} \cdot \text{m}). \tag{119}$$

Die Elektrisierung F ist auch das elektrische Flächenmoment je Volumeneinheit:

$$F = f/V \ \ldots \ (\text{V/m}). \tag{120}$$

Hierin ist das elektrische Flächenmoment

$$f = U\,A \ \ldots \ (\text{V} \cdot \text{m}^2). \tag{121}$$

(Kondensator oder Doppelschicht der Fläche A mit der Spannung U).

Das maximale Drehmoment M_{mech}, das auf das elektrische Flächenmoment f in einem Feld mit der Induktion $D \ldots$ (C/m²) ausgeübt wird, ist

$$M_{\text{mech}} = f\,D \ \ldots \ (\text{N} \cdot \text{m}). \tag{122}$$

Die Magnetisierung M ist auch das magnetische Flächenmoment je Volumeneinheit:

$$M = m/V \ \ldots \ (\text{A/m}). \tag{123}$$

Hierin ist das magnetische Flächenmoment:

$$m = I\,A \ \ldots \ (\text{A} \cdot \text{m}^2) \tag{124}$$

(vom Strom I am Rand umkreiste Fläche A).

Das maximale Drehmoment M_{mech}, das auf ein magnetisches Flächenmoment in einem Feld mit der Induktion $B \ldots$ (Wb/m²) ausgeübt wird, ist:

$$M_{\text{mech}} = m\,B \ldots (\text{N} \cdot \text{m}). \tag{125}$$

Weiterhin werden noch die folgenden Größen gebraucht:
Relative elektrische Suszeptibilität:

$$\chi_r = P/D_0 = \varepsilon_r - 1. \tag{126}$$

Relative magnetische Suszeptibilität:

$$\varkappa_r = J/B_0 = \mu_r - 1. \tag{127}$$

Elektrische Polarisierbarkeit:

$$\alpha = \mathrm{p}'/E \ldots (\text{C} \cdot \text{m}^2/\text{V}) \tag{128}$$

[p' induziertes elektrisches Dipolmoment eines Moleküls $\ldots$ (C · m), $E \ldots$ (V/m)].

Magnetische Polarisierbarkeit:

$$\beta = j'/H \ldots (\text{Wb} \cdot \text{m}^2/\text{A}) \tag{129}$$

[j' magnetisches Dipolmoment eines Moleküls $\ldots$ (Wb · m), $H \ldots$ (A/m)].

Für den Leser, welcher das Schrifttum über diesen Gegenstand liest, wollen wir noch einige Gesichtspunkte erwähnen. Während über die Tatsachen, die obenstehende Gleichungen beschreiben, kein Zweifel besteht, wird in der Literatur ein langjähriger, ebenso scharfsinniger wie unentschiedener Streit ausgefochten, welche Definitionen, Gleichungen und Analogien als fundamental, mit der Wirklichkeit übereinstimmend usw., zu betrachten sind[1]. Als Folge dieses Streites kann man in Zeitschriften, Büchern und Normen die verschiedensten Permutationen von Begriff — Symbol — Name — Einheit finden.

Auf einem Teilgebiet der Elektrizitätslehre wiederholt sich, was sich vorher bei dem Streit um das brauchbarste Maßsystem abgespielt hat. Je tiefer man in die Probleme eindringt, desto schwieriger wird es, eine Lösung zu finden oder eine Einigung zu erzielen. Wir haben dagegen in beiden Fällen den entgegengesetzten Weg zurück zur Oberfläche beschritten und dasselbe Rezept angewendet: Wir beschreiben die elektrischen und magnetischen Phänomene mit Hilfe von Strom und Spannung, und beim Übergang vom elektrischen zum magnetischen Feld hin oder zurück vertauschen wir in den Definitionen und Gleichungen, soweit angängig, Strom und Spannung miteinander.

Mit Hilfe dieser einfachen Methode werden wir im Falle des Maßsystems geradewegs zum brauchbarsten Maßsystem geleitet, ohne daß wir auf die schwierigen und umstrittenen Fragen der Maßsystemtheorie einzugehen brauchen. Im Falle der elektromagnetischen Materialgrößen finden wir ein einfach geordnetes System von Definitionen, aus denen sich jeder diejenigen aussuchen kann, die seiner Darstellungs- oder Denkweise am besten entsprechen. Auch hier können wir dahingestellt sein lassen, welche Definitionen als fundamental und welche Analogien als mit der Wirklichkeit übereinstimmend zu betrachten sind.

---

[1] Für eine ausführlichere Besprechung mit Literaturangaben s. P. Cornelius und H. C. Hamaker: The rationalized Giorgi System and its consequences, Philips Research Reports *4*, 123—142 (1949).

§ 19. Permanente Magnete.

Wir können einen permanenten Magneten als eine Quelle magnetischen Flusses auffassen, so wie wir einen Akkumulator als eine Quelle elektrischen Stromes betrachten. Unbequem hierbei ist jedoch, daß der permanente Magnet eine veränderliche magnetische „Leerlaufspannung", bzw. „Kurzschlußstrom" und einen veränderlichen inneren Widerstand in Abhängigkeit von der magnetischen Belastung und der Vorgeschichte hat. Ähnliche Erscheinungen können auch bei einem Akkumulator auftreten, wenn man ihn beispielsweise ab und zu kurzschließt oder zu weit entlädt. Doch wird der Leser darum keineswegs den Eindruck haben, daß er das Verhalten von Strom und Spannung beim Laden, Entladen und Belasten eines Akkumulators nicht beschreiben könnte. Ebensowenig braucht er diesen Eindruck bei einem permanenten Magneten zu haben.

Beim Vergleich eines Stromkreises mit einem magnetischen Kreis sind die in Tab. 3 zusammengestellten Größen analog[1]:

Tabelle 3. *Analoge Größen*
zum Vergleich eines magnetischen Kreises mit einem Stromkreis

Stromkreis	Magnetischer Kreis
Spannung $V = \int E_s\, ds$ oder $\oint E_s\, ds$ ... (V)	„Magnetische Spannung" $\int H_s\, ds$ oder $\oint H_s\, ds$ ... (A)
Feldstärke E ... (V/m)	Feldstärke H ... (A/m)
Strom I ... (A)	Fluß Φ ... (Wb)
Stromdichte S ... (A/m²)	Induktion B ... (Wb/m²)
Widerstand $R = V/I = (\int E_s\, ds)/I$ ... (V/A)	Magnetischer Widerstand $= (\int H_s\, ds)/\Phi$ ... (A/Wb)
Widerstand im homogenen Stromfeld $E\, s/S\, A$ ... (V/A) [s ... (m); A ... (m²)]	Magnetischer Widerstand im homogenen magnetischen Feld $H\, s/B\, A$ ... (A/Wb) [s ... (m); A ... (m²)]
Spezifischer Widerstand $\varrho = 1/\gamma$ ... (V · m/A)	Spezifischer magnetischer Widerstand $= 1/\mu$ ... (A · m/Wb)
Spezifisches Ohmsches Gesetz: $E = S/\gamma$ ... (V/m)	Spezifisches Ohmsches Gesetz für das magnetische Feld: $H = B/\mu$ ... (A/m)
Leistung $P = I\,V$ ... (A · V = W)	Energie $W = \tfrac{1}{2}\,\Phi \int H_s\, ds$ ... (Wb · A = W · sec)
Räumliche Leistungsdichte $S\,E$ ... (W/m³)	Räumliche Energiedichte $\tfrac{1}{2}\,B\,H$ ... (W · sec/m³)

---

[1] Vgl. Fußnote 1, S. 44.

Wir betrachten einen idealisierten magnetischen Kreis (s. Abb. 8). Die Polschuhe haben keinen magnetischen Widerstand ($\mu_r = \infty$); es tritt keine Streuung auf, d. h. der ganze Fluß bleibt innerhalb des Magneten,

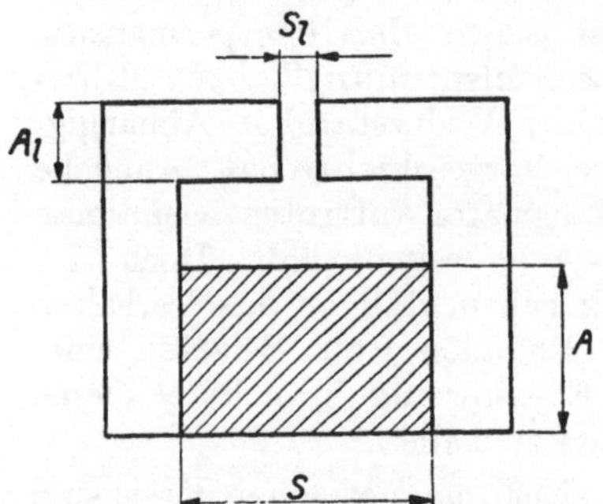

der Polschuhe und des Luftspaltes. In diesem Fall ist der Luftspaltfluß Φ_l gleich dem im Magneten Φ:

$$B_l\,A_l = B\,A \dots \text{(Wb)}. \qquad (130)$$

Die magnetische Spannung des Luftspaltes ist gleich der durch den Magneten gelieferten (H_i innere Feldstärke im Magnet):

$$H_l\,s_l = B_l\,s_l/\mu_0 = H_i\,s \dots \text{(A)}. \qquad (131)$$

Aus Gl. (130) und (131) folgt:

$$B_l\,H_l\,A_l\,s_l = B_l^2 A_l\,s_l/\mu_0 =$$
$$= B\,H_i\,A\,s \dots \text{(W}\cdot\text{sec)}. \qquad (132)$$

Für gegebene Luftspaltvolumen $A_l\,s_l$ und Luftspaltinduktion B_l kann das erforderliche Volumen $A\,s$ des Magnetstahls kleiner sein, je größer das durch diesen erreichte Produkt $B\,H_i \dots$ (W$\cdot$sec/m^3) ist.

Abb. 8. Magnetischer Kreis. Der Luftspalt hat die Länge $s_l \dots$ (m) und den Querschnitt $A_l \dots$ (m²); der permanente Magnet hat die Länge s und den Querschnitt A. Der magnetische Widerstand der Polschuhe wird als vernachlässigbar klein angenommen.

Die für einen bestimmten Magnetstahl geltenden zugeordneten Werte von B und H werden durch seine Magnetisierungskurve gegeben. Die höchste bleibende Magnetisierung eines Magnetstahls wird erreicht, wenn man ihn erst durch ein äußeres Feld bis zur Sättigung magnetisiert. Bleibt

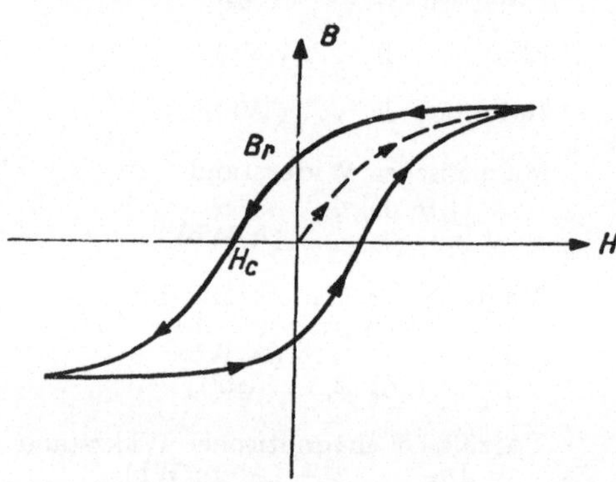

man beim Magnetisieren unter der Sättigung, so ist auch die bleibende Magnetisierung nach dem Wegnehmen des magnetisierenden Feldes kleiner als im ersten Fall. Zur Charakterisierung eines Magnetstahls gibt man darum diejenige Magnetisierungskurve an, die von der Sättigung ausgeht. Ein Beispiel ist in Abb. 9 zu sehen.

Diese Kurve zeigt im Prinzip die Werte von B, die in einem geschlossenen Ring großen Durchmessers (innerer $\approx$ äußerem Umfang) und konstanten Querschnitts aus homogenem Material auftreten, wenn die Feldstärke H

Abb. 9. Induktion B eines Magnetstahls in Abhängigkeit von der Feldstärke H, die entsprechend den Pfeilen positiv und negativ bis zur Sättigung erhöht wird. Die (maximale) Remanenz ist B_r, die (maximale) Koerzitivkraft H_c.

durch eine gleichmäßig über den ganzen Umfang verteilte und eng gewickelte Wicklung erzeugt wird. In diesem Fall tritt keine Streuung auf, da überall im Ring die innere Feldstärke H_i die äußere Feldstärke H aufhebt, so daß kein Punkt des Ringes eine magnetische Spannung gegen einen anderen Punkt hat, während doch ein kräftiger Fluß durch den Ring gehen kann. Die innere magnetische Spannung (mittlere H_i mal Länge der Mittellinie) kann man als Summe von Gegenspannung und Spannungsabfall auffassen, so wie bei einem Akkumulator, der geladen wird.

Für unsere Betrachtungen ist besonders das Stück der Magnetisierungskurve mit positivem B und negativem äußeren H, also positivem inneren H_i wichtig. Wir sehen, daß nach dem Ausschalten des äußeren Feldes ein Fluß bestehen bleibt, der B_r entspricht. Wir können diesen Fluß dadurch vermindern, daß wir die äußere Feldstärke negativ werden lassen oder einen äußeren magnetischen Widerstand, beispielsweise einen Luftspalt, anbringen. Für H_i im Magneten macht das keinen Unterschied, wenn keine Streuung auftritt. Magnetisieren wir daher einen Ring mit einem Luftspalt bis zur Sättigung und schalten wir das äußere Feld ab, so stellt sich ein B kleiner als B_r auf der Magnetisierungskurve ein, als ob im geschlossenen Ring eine äußere negative Feldstärke vorhanden wäre, deren magnetische Spannung $H\,s$ gleich und entgegengesetzt derjenigen des Luftspaltes $H_l\,s_l$ ist.

Da im geschlossenen Ring die innere Feldstärke gleich und entgegengesetzt der äußeren ist, können wir für H_i in Gl. (131) den einem positiven B zugeordneten negativen Wert von H aus der Magnetisierungskurve nehmen, jedoch mit positivem Vorzeichen:

$$H_i = -H \ldots (\text{A/m}). \tag{133}$$

Wir können nun für einen Luftspalt mit gegebenen Maßen und verlangter Induktion B_l den kleinsten benötigten Magneten folgendermaßen finden. Wir bestimmen für verschiedene verfügbare Stahlsorten das Produkt $B\,H = \mathrm{f}\,(H)$ aus dem Teil ihrer Magnetisierungskurven zwischen B_r und H_c [vgl. das bei Gl. (132) Gesagte]. Dieses Produkt erreicht irgendwo zwischen $H = 0$ und $H = H_c$ ein Maximum. Daraus folgt der beste Arbeitspunkt für jeden Stahl. Wir nehmen den Stahl mit dem größten maximalen $B\,H$ und erhalten so die günstigsten Werte für H_i und B. Wir müssen nun die Maße des Magneten so wählen, daß Feldstärke und Induktion im Magnet sich wirklich auf diese Werte einstellen. Diese Maße können mittels Gl. (130) und (131) berechnet werden.

Wir wollen nun noch einige einfache Aufgaben idealisiert besprechen, d. h. nur Fälle ohne Streuung und mit homogenen Feldern.

a) Ein durch s_l und A_l gegebener Luftspalt wird entsprechend Abb. 8 nacheinander verbunden mit Magneten mit denselben Maßen, jedoch aus Stahlsorten mit verschiedenen Magnetisierungskurven. Welcher Arbeitspunkt stellt sich auf diesen Kurven ein? Hier wird ein konstanter äußerer magnetischer Widerstand an verschiedene Spannungsquellen gelegt. Das Verhältnis B_l/H_l im Luftspalt ist konstant und gleich μ_0. Wir reduzieren dieses Verhältnis für die entsprechenden Koordinaten B und H der Magnetisierungskurve mit Hilfe von Gl. (130), (131) und (133):

$$B/H = \mu_0\,s\,A_l/s_l\,A \ldots (\text{H/m}). \tag{134}$$

Dies ist eine Gerade im Schaubild (tg $\alpha = B/H$), welche die verschiedenen Magnetisierungskurven im Arbeitspunkt schneidet (s. Abb. 10). Aus dem B des Arbeitspunktes kann dann wieder das entsprechende B_l im Luftspalt mit Hilfe von Gl. (130) ermittelt werden. Hierbei kann ein schlechterer Stahl [Stahl 1 in Abb. 10; $(B\,H)_{\max}$ von Stahl 1 ist kleiner als von Stahl 2] doch größere B und B_i ergeben. Das findet seine Ursache darin, daß die Anpassung des äußeren Widerstandes an Stahl 1 besser ist als die an Stahl 2.

Die obenerwähnte Ableitung der besten Magnetmaße enthält einfach die Vorschrift, daß der äußere magnetische Widerstand $H_l\,s_l/B_l\,A_l \ldots$ (A/Wb) gleich dem inneren Widerstand $H_i\,s/B\,A$ bei demjenigen Arbeitspunkt des Generators (des Magneten) gemacht wird, bei dem er die größte Energie $\tfrac{1}{2}\,B\,A\,H_i\,s \ldots$ (W · sec) abgeben kann (s. auch unter c). Von dieser besten Anpassung weicht man im Beispiel der Abb. 10 beim Stahl 2 viel mehr ab als beim schlechteren Stahl 1.

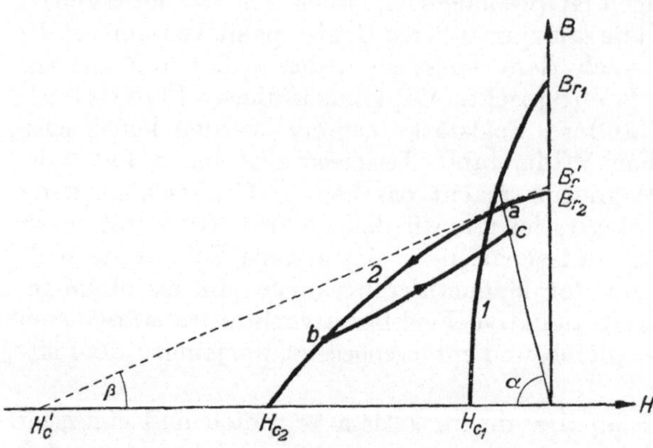

Abb. 10. Teil der Magnetisierungskurve $B = f\,(H)$ zwischen der Remanenz B_r und der Koerzitivkraft H_c für zwei verschiedene Stahlsorten 1 und 2. Ein gegebener äußerer magnetischer Widerstand ist durch den einen Schenkel des Winkels α repräsentiert. Die Schnittpunkte dieses Schenkels mit den Kurven ergeben die Arbeitspunkte der Magnete. Wegen der schlechten Anpassung des Widerstandes an Stahl 2 ist der Arbeitspunkt bei Stahl 1 günstiger als bei Stahl 2, obwohl Stahl 2 besser als Stahl 1 ist [$(B\,H)_{\max\,2} >$ $> (B\,H)_{\max\,1}$]. $b\,c$ ist die Magnetisierungskurve für Stahl 2 bei Entfernen und Wiederanbringen des äußeren Widerstandes. β ergibt den theoretischen inneren magnetischen Widerstand; B_r' und H_c' geben die theoretischen Werte an, die für den Arbeitspunkt a des Stahls 2 gelten.

b) Was geschieht, wenn wir die Belastung, d. h. die Polschuhe und den Luftspalt vom Magnet entfernen und dann wieder anlegen? Beim Wegnehmen der Belastung wird der Fluß und damit die Induktion B kleiner. $B = 0$ und $H = H_c$ auf der Magnetisierungskurve werden nicht erreicht, da der äußere magnetische Widerstand nicht unendlich wird und der Fluß sich außerhalb des Magneten vom Nordpol zum Südpol gehend schließen kann. Wir erreichen beispielsweise den Punkt b der Magnetisierungskurve 2 in Abb. 10.

Beim Wiederanbringen der magnetischen Belastung wird der alte Wert von B nicht mehr erreicht, sondern nur der niedrigere Wert c auf der Widerstandslinie. Der Magnet ist bleibend geschwächt. Der Verlauf von b nach c kann nicht der normalen Magnetisierungskurve entnommen werden; er muß besonders gemessen werden, wobei man von b ausgeht. Es sei erwähnt, daß der Magnet nicht mehr schwächer wird, solange man nicht den Punkt b unterschreitet. Seine Magnetisierung bei verschiedenen äußeren magnetischen Widerständen wird dann stets durch die Kurve $b\,c$, die eventuell noch bis zur Ordinate verlängert werden muß, beschrieben.

c) Man ist gewöhnt, eine Gleichstromquelle durch ihre Leerlaufspannung $V_0 \ldots$ (V) in Serie mit ihrem inneren Widerstand $R_i \ldots$ (Ω)

oder durch ihren Kurzschlußstrom mit demselben inneren Widerstand parallel zu den Klemmen zu beschreiben. Für den Verbraucher R ist die Klemmenspannung V verfügbar, die ihn mit dem Strom I ... (A) speist. Allgemein gilt dann:

$$V = V_0 - R_i I \ \ldots \ (A), \tag{135}$$

$$I = V_0/(R_i + R) \ \ldots \ (A). \tag{136}$$

Mit diesen Gleichungen kann man das Verhalten der Schaltung bei Belastungsänderungen, d. h. Änderungen von R, berechnen. Im besonderen erkennt man den Einfluß der Parallel- oder Serienschaltung zweier gleicher Stromquellen in der Nähe des Kurzschlusses ($R \ll R_i$), bzw. des Leerlaufs ($R \gg R_i$). Arbeitet man in der Nähe des Kurzschlusses, so ergibt Parallelschaltung ($R_{ip} = \frac{1}{2} R_i$) ungefähr den doppelten Strom; arbeitet man dagegen in der Nähe des Leerlaufs, so erzielt man gerade bei Serienschaltung ($V_{0s} = 2\,V_0$) ungefähr den doppelten Strom. Weiterhin wird die größte Leistung bei $R = R_i$ an den Verbraucher abgegeben.

Kann man dieselben Begriffe auch bei einem durch seine Maße und seine Magnetisierungskurve gegebenen permanenten Magneten gebrauchen? Das ist in der Tat möglich. Allerdings sind die entsprechenden magnetischen Größen beim permanenten Magneten veränderlich, also genau nur für einen Arbeitspunkt der Magnetisierungskurve gültig und angenähert auch in der Umgebung dieses Punktes, d. h. für kleine Belastungsänderungen. Auch muß man darauf achten, daß die Magnetisierungskurve von der Sättigung aus durchlaufen werden muß. Dann kommt man jedoch zu denselben Ergebnissen wie bei der Gleichspannungsquelle.

Multipliziert man H ... (A/m) mit der Länge s ... (m) des Magneten, so erhält man die magnetische Spannung; multipliziert man B ... (Wb/m^2) mit seinem Querschnitt A ... (m^2), so erhält man den magnetischen Strom, den Fluß. Die Magnetisierungskurve (s. Abb. 10) ergibt so die Abhängigkeit der magnetischen Klemmenspannung vom Fluß. Aus H_c folgt die Leerlaufspannung, aus B_r der Kurzschlußfluß. Liegt unser Arbeitspunkt in der Nähe von H_c, so ergibt bei gleichem äußeren magnetischen Widerstand Verdopplung der *Länge* des Magneten beinahe den doppelten Fluß; liegt unser Arbeitspunkt in der Nähe von B_r, so erzielen wir durch Verdopplung des Magnet*querschnitts* beinahe Flußverdopplung. Für dazwischen liegende Arbeitspunkte zeichnen wir die Tangente an die Magnetisierungskurve, beispielsweise für Punkt a in Abb. 10. Diese schneidet die Achsen in H_c' und B_r', woraus die für diesen Punkt geltenden Leerlaufspannung $H_c' s$ und Kurzschlußfluß $B_r' A$ folgen. Der äußere magnetische Widerstand ist $s\,(\cot \alpha)/A$, der innere $s\,(\cot \beta)/A$. Nach dem Einsetzen dieser Größen kann man dann die Formeln Gl. (135) und (136) nach Übersetzung in die magnetischen Größen in der Nähe des Arbeitspunktes, dessen Tangente gezeichnet wurde, benutzen.

In Analogie mit dem elektrischen Fall wird man erwarten, daß die maximale magnetische Energie in dem äußeren magnetischen Widerstand bei $R_i = R$, also bei $\alpha = \beta$, erzeugt wird. So ist es auch. Dieser Punkt stimmt mit dem früher aus $(B\,H)_{\max}$ ermittelten überein.

Daß für den Punkt auf der Magnetisierungskurve $B = \mathrm{f}(H)$, für den das Produkt BH maximal wird, $\alpha = \beta$ sein muß, ist folgendermaßen einzusehen. Wenn wir $BH = \mathrm{f}(H)$ aufzeichnen, wird das Maximum von BH in demjenigen Punkt erreicht, dessen Tangente parallel zur Abszisse läuft, oder anders gesagt, dessen Differentialquotient Null wird: $B\,\mathrm{d}H + H\,\mathrm{d}B = 0$ oder $\mathrm{d}B/\mathrm{d}H = -B/H$. Für jeden Punkt von $B = \mathrm{f}(H)$ gilt: $\mathrm{tg}\,(180 - \alpha) = B/H$. Für den Winkel β der Tangente mit der Abszisse gilt: $\mathrm{tg}\,\beta = \mathrm{d}B/\mathrm{d}H$ Die Maximumbedingung ist also durch $\alpha = \beta$ erfüllt.

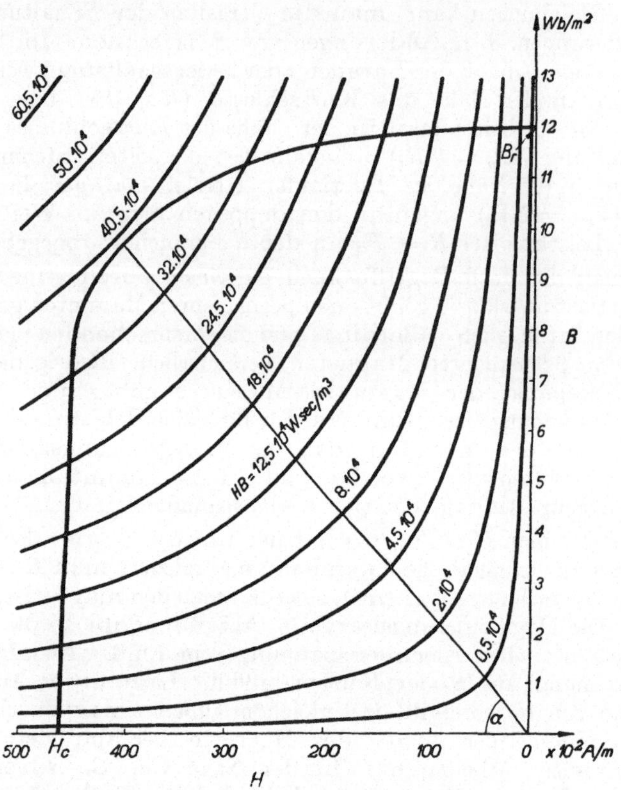

Abb. 11. Ermittlung von $(B\,H)_{\max}$ bei gegebener Magnetisierungskurve $B = \mathrm{f}(H)$. Hierzu zeichnen wir ein Netz von gleichseitigen Hyperbeln mit den Koordinaten-Achsen als Asymptoten für verschiedene Werte von $(B\,H)$ als Parameter. Der Berührungspunkt der Magnetisierungskurve mit einer der Hyperbeln ist der Punkt, für den $(B\,H)$ maximal wird. Der Wert von $(B\,H)_{\max}$ kann an der berührten Hyperbel abgelesen werden. Mit Hilfe des Winkels zwischen der Verbindungslinie des Berührungspunktes mit dem Nullpunkt und der Abszisse kann der zugehörige äußere magnetische Widerstand abgeleitet werden. Der Winkel β zwischen der Tangente an den Berührungspunkt und der Abszisse ist gleich α.

Man kann den Wert von $(B\,H)_{\max}$ und die zugehörigen Werte von B und H sofort ablesen, wenn man die Magnetisierungskurve auf Koordinatenpapier zeichnet, das außer der linearen Teilung noch ein Netz von gleichseitigen Hyperbeln mit den Achsen als Asymptoten trägt (s. Abb. 11)[1]. Auf jeder derartigen Hyperbel liegen alle Punkte, für die BH einen bestimmten konstanten Wert hat, welcher Wert als Parameter dient. Die Maßzahl derjenigen

---

[1] Diese Bemerkung verdanke ich Dr. W. de Groot.

Hyperbel, welche die Magnetisierungskurve berührt, liefert den Wert von $(B\,H)_{\mathrm{max}}$; die Koordinaten des Berührungspunktes ergeben die zugehörigen Werte von B und H.

Für diesen Berührungspunkt muß dann auch $\alpha = \beta$ sein. Das ist der Fall: Die Tangente an die Magnetisierungskurve ist auch eine Tangente der betreffenden Hyperbel, und für jeden Punkt der gezeichneten Hyperbeln gilt, daß der Winkel der Tangente mit der Abszisse gleich dem Winkel zwischen der Verbindungslinie des Berührungspunktes mit dem Nullpunkt und der Abszisse ist.

Wir wollen bei der Anwendung dieser Analogie noch kurz auf einige Unterschiede zwischen einem permanenten Magneten und beispielsweise einem Akkumulator weisen. Der Akkumulator besitzt eine Grenzschicht mit einer einigermaßen konstanten Spannung; im Magneten ist dagegen der Fluß, der von den Molekülen ausgeht, ungefähr konstant, wobei es von den Umständen abhängt, ob er sich mehr oder weniger innerhalb des Magneten schließt. Die Streuung kann beim Magneten die oben angegebenen idealisierten Ergebnisse und Schlußfolgerungen stark beeinflussen[1], beim Akkumulator sind dagegen Kriech- und Isolationsströme vernachlässigbar klein.

Es sei noch nachgetragen, daß Untersucher, die sich mit der Entwicklung von Magnetstählen beschäftigen, sich mehr für die Magnetisierung J, also für den Beitrag der Materie zur Induktion B, interessieren als für B selbst. Für diese Untersucher ist es vor der Hand liegend, Koerzitivkraft diejenige Feldstärke zu nennen, bei der J Null wird. Will man Verwechslungen vermeiden, so kann man den von uns gebrauchten Begriff mit $_BH_c$ und den hier gemeinten mit $_JH_c$ bezeichnen.

V. Schlußbetrachtung.

§ 20. Ergänzende Bemerkungen.

Dieses Buch ist weitgehend beeinflußt von Pohl, R. W., Professor der Physik an der Universität Göttingen: Einführung in die Elektrizitätslehre. 13. und 14. Auflage. Berlin-Göttingen-Heidelberg: Springer-Verlag. 1949. Pohl hat meines Wissens als erster in 1927 in der ersten Auflage seines Buches die Lehrmethode ausgearbeitet, die auch in diesem Buch in konzentrierter und vereinfachter Form angewendet wird. Er benutzt das rationalisierte Giorgische Maßsystem. Sein Buch erfordert keine nennenswerten mathematischen Kenntnisse und schließt bei allen Begriffen und Definitionen unmittelbar an einfache Versuche an, die das Wesentliche deutlich vor Augen führen.

Da theoretische Physiker oftmals den Eindruck haben, daß das rationalisierte Giorgische Maßsystem vielleicht praktisch für Ingenieure, aber nicht befriedigend für sie selbst wäre, sei hier auf drei amerikanische Bücher hingewiesen, die alle die Beherrschung der höheren Mathematik voraussetzen: Stratton, J. A., Professor der Physik am Massachussetts Institute of Technology: Electromagnetic Theory. New York und London: Mc Graw-Hill. 1941; King, R. W. P., Professor der Physik an der Harvard

---

[1] Vgl. van Urk, A. Th.: Der Gebrauch moderner Stahlsorten für permanente Magnete. Philips' technische Rundschau 5, 29—36 (1940).

Universität: Electromagnetic engineering. Band 1: Fundamentals. New York und London: Mc Graw-Hill. 1945; und Schelkunoff, S. A., Angehöriger der Bell System Telephone Laboratorien: Electromagnetic waves. 4. Auflage. New York: D. van Nostrand. 1945. In diesen Büchern wird ausschließlich das rationalisierte Giorgische oder, wie es auch genannt wird, das rationalisierte MKS (Meter Kilogramm Sekunde) Maßsystem angewendet. In einer Besprechung des Buches von Stratton sagt Schelkunoff (Proceedings I. R. E., Mai 1941, S. 292): „Des Schreibers ausschließliche Anwendung des rationalisierten Giorgischen Einheitensystems ist besonders anzuempfehlen. Vom Gesichtspunkt der mathematischen wie auch der Laboratorium-Ingenieure ist dieses Maßsystem den klassischen Einheitensystemen zweifellos überlegen. Dieser ins Auge springenden Überlegenheit sind die außerordentlich schnellen Eroberungen zuzuschreiben, welche das MKS-System in den paar letzten Jahren gemacht hat."

King schreibt in seinem Buch auf S. 537: „Das praktische Maßsystem, das oben beschrieben wurde und welches das ganze Buch hindurch angewendet wird, ist nicht das einzige gewöhnlich benutzte System. Obwohl andere Maßsysteme gewisse Vorteile bei ausschließlich theoretischen Arbeiten haben mögen, und zwar für diejenigen, die daran gewöhnt sind, hat nur das praktische Maßsystem *die einzigartige nnd unbezweifelbare Eigenschaft, daß es allein für beide, nämlich für theoretische und praktische Arbeiten, vollkommen geeignet ist"*.

Das Giorgische Maßsystem ist in 1935 von der I. E. C. (International Electrical Commission) angenommen worden, jedoch wurde noch die Wahl zwischen der rationalisierten und der nichtrationalisierten Form freigestellt. Unserer Meinung nach ist die rationalisierte Form die empfehlenswerte. Bei der nichtrationalisierten Form ist z. B. $\Psi = 4\pi Q$ an Stelle von $\Psi = Q$. Dadurch geht einer der großen Vorteile des rationalisierten Giorgischen Maßsystems, nämlich die oben skizzierten übersichtlichen Beziehungen zwischen Strom und Spannung und den Feldern, die deren Ursache oder Folge sind, wieder verloren.

In der Literatur findet man die Ansicht vertreten, daß die Giorgi-Einheiten von vier Einheiten, die man dann mit mehr oder weniger Berechtigung unabhängige Grundeinheiten nennt, abgeleitet werden können: m, kg, sec und z. B. Ω. Wir schreiben jedoch die entsprechenden Einheiten mit V und A und nicht mit beispielsweise Ω, weil man die Bedeutung zusammengestellter Einheiten besser übersehen kann. So ist aus der Kapazitätseinheit $F = A \cdot \sec/V = C/V$ mühelos zu ersehen, daß ein Kondensator von 1 F eine Ladung von $1 A \cdot \sec$ oder 1 C braucht, um auf 1 V geladen zu werden, während dies aus der identischen Einheit $\sec/\Omega$ nicht ohne weiters ersichtlich ist.

Wenn man mit den rationalisierten Giorgi-Einheiten und den zugehörigen Begriffen vertraut geworden ist, werden Dimensionsbetrachtungen und die Dimensionskontrolle von Gleichungen besonders einfach, wenn man sie mit Hilfe dieser Einheiten ausführt und nicht unter Benutzung von CGS-Einheiten mit ihren gebrochenen Exponenten oder mit Hilfe von besonderen Dimensionssymbolen, wie [M] für Masse, [L] für Länge, [T] für Zeit und z. B. [Q] für Ladung. Man kann nämlich aus der rationalisierten Giorgi-Einheit die Art der betreffenden Größe ohne weiteres erkennen. Eine Größe, die in V gemessen wird, ist gewöhnlich eine Spannung; eine, die in Wb gemessen wird, ist ein magnetischer Fluß usw. Für die Dimensionskontrolle von Gleichungen mit Giorgi-Einheiten muß man die zusammengesetzten Einheiten in V, A, m und sec ausdrücken. Beispielsweise ist $C = A \cdot sec$, $\Omega = V/A$, $S = A/V$, $F = A \cdot sec/V$, $H = V \cdot sec/A$, $Wb = V \cdot sec$. Bei rein elektromagnetischen Gleichungen müssen die Einheiten links und rechts übereinstimmen. Kommen außerdem noch mechanische Größen in der Gleichung vor, so muß auch noch der Bedingung $N \cdot m = V \cdot A \cdot sec$ genügt werden.

Als Beispiel für den ersten Fall diene Gl. (53), S. 23:

$$\oint E_s \, ds = - \mu \quad A \quad \dot{H},$$

worunter wir die Einheiten

$$\frac{V}{m} \cdot m = \frac{V \cdot sec}{A \cdot m} \cdot m^2 \cdot \frac{A}{m \cdot sec}$$

schreiben. Als Beispiel für den letzten Fall diene Gl. (71), S. 28:

$$K = \quad B \quad I \quad l,$$

mit den Einheiten:

$$N = \frac{V \cdot sec}{m^2} \cdot A \cdot m.$$

Ein einfaches Beispiel der Besprechung von physikalischen Zusammenhängen an Hand von Giorgi-Einheiten an Stelle von Dimensionen ist folgendes: An der Beziehung $N \cdot m = V \cdot A \cdot sec = V \cdot C$ kann man sehen, daß Arbeit geliefert oder verbraucht wird, wenn eine Ladung von einem Punkt nach einen anderen gebracht wird, der einen Potentialunterschied gegenüber dem ersten hat.

Wenn man ausschließlich mit dem rationalisierten Giorgischen Maßsystem arbeitet und bei den Größen und Gleichungen scheinbar überflüssigerweise die Einheiten angibt, wird man bemerken, wie außerordentlich einfach nicht nur das Rechnen, sondern auch das Begreifen der Gleichungen wird. Es ist dann unnötig, sich mit dem Begriff und der Arbeitsweise der „Größengleichungen" vertraut zu machen, d. h. man braucht weder den Unterschied von „Größengleichungen", „Zahlenwertgleichungen" und „Einheitengleichungen" zu definieren, um die in diesem Buch gegebenen Gleichungen begreifen und damit rechnen zu können, man braucht nicht zu wissen, was „abgestimmte" Einheiten sind, noch braucht man zu analysieren, ob die verblüffende Einfachheit dieser Gleichungen dadurch zustande kommt, daß es sich vielleicht um „zugeschnittene Größengleichungen dimensioneller Kohärenz" handelt.

Zusammenfassend gesagt haben wir den Eindruck, daß alle *tiefergehenden* Betrachtungen über elektrische Einheiten, abgeleitete und

Grundeinheiten, Maßsysteme, Größengleichungen, Dimensionen u. dgl. nur entstanden sind, weil man nicht von Anfang an das rationalisierte Giorgische Maßsystem und die dazu passenden Definitionen der elektromagnetischen Feldgrößen kannte und sich daher mit unbefriedigenden anderen Systemen und Definitionen herumplagen mußte. Alle diese Betrachtungen haben nichts zu der wichtigen Erkenntnis beigetragen, daß die Anwendung des rationalisierten Giorgischen Maßsystems in Technik und Wissenschaft einfacher und besser ist als die Benutzung der anderen Maßsysteme. Diese Erkenntnis ergibt sich nämlich aus den vier Fragen von § 12, in denen keine einzige der genannten tiefergehenden Betrachtungsweisen vorkommt und die im Jahre 1901, als Giorgi sein System veröffentlichte, genau so entscheidend waren wie heute. Diese Erkenntnis kann man sich auch experimentell verschaffen, indem man einfach mit den Gleichungen des rationalisierten Giorgischen Maßsystems rechnet, ohne die Ursachen zu analysieren.

Wir können also, etwas unhöflich, aber deutlich, die Vermutung aussprechen, daß tiefergehende analysierende Betrachtungen über Maßsysteme, Grundeinheiten, Dimensionen usw. in der Elektrizitätslehre als erkenntnistheoretische Spielereien zu betrachten sind, deren philosophischer Wert zweifelhaft ist und deren Auswirkung in Technik und Wissenschaft hauptsächlich darin besteht, daß einfache Fragen verwickelt werden und daß die allgemeine Einführung des geeignetsten Maßsystems in die Praxis und in die Lehrbücher jahrzehntelang verzögert wird[1].

Zum Schluß sei der Leser, der scharfsinnige und aggressiv kritische Betrachtungen schätzen kann, auch wenn er mit dem Autor nicht einer Meinung ist, auf O'Rahilly, A., Professor der mathematischen Physik an der Universität in Cork: Electromagnetics. London, New York, Toronto: Longmans, Green & Co. 1938, hingewiesen. In diesem Buch werden die Maxwellsche Feldtheorie und die Entwicklung der elektrischen Einheiten kritisch beleuchtet. (Nach O'Rahillys Meinung hat das Giorgische Maßsystem keine Vorteile gegenüber anderen.) Dieses Buch setzt Kenntnis der höheren Mathematik voraus. Ich verdanke ihm einige Gesichtspunkte über den Äther, das Wesentliche der Feldgrößen und der Einheiten.

VI. Tabellen.

§ 21. Vergleichstabelle der Gleichungen verschiedener Maßsysteme.

Bezeichnung: s . . . . elektrostatisches CGS-Maßsystem,
              m . . . elektromagnetisches CGS-Maßsystem,
              g . . . Gaußsches Maßsystem,
              p . . . bisher in der Praxis gebräuchliche Einheitenzusammenstellung (hauptsächlich CGS, V und A).

---

[1] Vgl. hierzu den in Fußnote 1, S. 52, genannten Artikel, dessen Zweck nicht so sehr eine noch tiefergehende Analyse, sondern mehr das Aufräumen von überflüssigem Gedankenballast ist.

Tabelle 4. *Vergleichstabelle der Einheiten verschiedener Systeme.*

Beispiel: 1 E.S.E. (= elektrostatische Einheit) der Spannung ist gleich $c/10^6 \approx 3 \cdot 10^2$ Volt.

In **Tab. 4** ist c der Zahlenwert der Lichtgeschwindigkeit in m/sec = $= 2{,}99776 \cdot 10^8 \approx 3 \cdot 10^8$.

	Spannung V	Strom I	Widerstand R	Ladung Q	Kraft K	Energie W
s	1 E.S.E. $= c/10^6$ (V)	1 E.S.E. $= 1/10\,c$ (A)	1 E.S.E. $= c^2/10^5$ (Ω)	1 E.S.E. $= 1/10\,c$ (C)	1 Dyn $= 10^{-5}$ (N)	1 Erg $= 10^{-7}$ (N $\cdot$ m) oder (W $\cdot$ sec)
m	1 E.M.E. $= 10^{-8}$ (V)	1 E.M.E. $= 10$ (A)	1 E.M.E. $= 10^{-9}$ (Ω)	1 E.M.E. $= 10$ (C)		

	Kapazität C	Elektr. Feldstärke E	Elektr. Induktion D		Induktivität L	Magnet. Fluß Φ	Magnet. Feldstärke H	Magnet. Induktion B
s	1 cm $= 10^5/c^2$ (F)	1 E.S.E. $= c/10^4$ (V/m)	1 E.S.E. $= 10^3/4\pi\,c$ (C/m²)	m	1 cm $= 10^{-9}$ (H)	1 Maxwell $= 10^{-8}$ (Wb)	1 Oersted $= 10^3/4\pi$ (A/m)	1 Gauß $= 10^{-4}$ (Wb/m²)

Formeln.

Ohmsches Gesetz:

$$V = R\,I$$

	$V \ldots$ (V);	$R \ldots (\Omega)$;	$I \ldots$ (A)
s, g:	$V \ldots$ (E.S.E.);	$R \ldots$ (E.S.E.);	$I \ldots$ (E.S.E.)
m:	$V \ldots$ (E.M.E.);	$R \ldots$ (E.M.E.);	$I \ldots$ (E.M.E.).

Widerstand eines homogenen Leiters:

$$R = \varrho\, s/A$$

	$R \ldots (\Omega)$;	$\varrho \ldots (\Omega \cdot \text{m})$;	
	$s \ldots$ (m);	$A \ldots$ (m²)	
s, g:	$R \ldots$ (E.S.E.);	$\varrho \ldots$ (E.S.E. des Widerstandes $\cdot$ cm);	
	$s \ldots$ (cm);	$A \ldots$ (cm²)	
m:	$R \ldots$ (E.M.E.);	$\varrho \ldots$ (E.M.E. des Widerstandes $\cdot$ cm);	
	$s \ldots$ (cm);	$A \ldots$ (cm²)	
p:	$R \ldots (\Omega)$;	$\varrho \ldots (\Omega \cdot \text{cm})$;	
	$s \ldots$ (cm);	$A \ldots$ (cm).	

Energieverbrauch eines Widerstandes:

$$W = V\,I\,t$$

$$W \ldots (\text{W} \cdot \text{sec}); \quad V \ldots (\text{V}); \qquad I \ldots (\text{A});$$
$$t \ldots (\text{sec})$$
$$\text{s, g:}\ W \ldots (\text{Erg}); \qquad V \ldots (\text{E.S.E.}); \qquad I \ldots (\text{E.S.E.});$$
$$t \ldots (\text{sec})$$
$$\text{m:}\ W \ldots (\text{Erg}); \qquad V \ldots (\text{E.M.E.}); \qquad I \ldots (\text{E.M.E.});$$
$$t \ldots (\text{sec}).$$

Kapazitätsgesetz:

$$Q = C\,V$$

$$Q \ldots (\text{C}); \qquad C \ldots (\text{F}); \qquad V \ldots (\text{V})$$
$$\text{s, g:}\ Q \ldots (\text{E.S.E.}); \qquad C \ldots (\text{cm}); \qquad V \ldots (\text{E.S.E.}).$$

Kapazität eines Plattenkondensators:

$$C = \varepsilon\,A/s = \varepsilon_r\,\varepsilon_0\,A/s$$

$$C \ldots (\text{F}); \qquad \varepsilon \ldots (\text{F/m}); \qquad \varepsilon_r\ \text{Zahl}; \qquad \varepsilon_0 = 10^7/4\,\pi\,c^2 \approx$$
$$\approx 8{,}885 \cdot 10^{-12}\ \text{F/m}; \qquad A \ldots (\text{m}^2);\ s \ldots (\text{m})$$

$$\text{s, g:}\qquad C = \varepsilon_r\,A/4\,\pi\,s$$

$$C \ldots (\text{cm}); \qquad \varepsilon_r\ \text{Zahl}; \qquad A \ldots (\text{cm}^2); \qquad s \ldots (\text{cm}).$$

Elektrischer Fluß:

$$\Psi = Q = \int D_n\,\mathrm{d}A$$

für ein homogenes Feld also:

$$\Psi = D\,A$$

$$\Psi \ldots (\text{C}); \qquad Q \ldots (\text{C}); \qquad D \ldots (\text{C/m}^2); \qquad A \ldots (\text{m}^2)$$

$$\text{s, g:}\qquad \int D_n\,\mathrm{d}A = 4\,\pi\,Q$$

$$D \ldots (\text{E.S.E.}); \qquad A \ldots (\text{cm}^2); \qquad Q \ldots (\text{E.S.E.}).$$

Elektrische Induktion (Verschiebungsdichte):

$$D = \varepsilon\,E = \varepsilon_r\,\varepsilon_0\,E$$

wobei für ein homogenes Feld:

$$D = \Psi/A$$

$D \ \ldots \ (\text{C/m}^2); \qquad \varepsilon \ \ldots \ (\text{F/m}); \qquad \varepsilon_r \ \text{Zahl}; \qquad \varepsilon_0 = 10^7/4\,\pi\,c^2 \approx$
$\approx 8{,}855 \cdot 10^{-12}\,\text{F/m}; \qquad E \ \ldots \ (\text{V/m}); \qquad \Psi \ \ldots \ (\text{C}); \qquad A \ \ldots \ (\text{m}^2)$

s, g:
$$D = \varepsilon_r\,E$$

$D \ \ldots \ (\text{E.S.E.}); \qquad \varepsilon_r \ \text{Zahl}; \qquad E \ \ldots \ (\text{E.S.E.}).$

Energie eines geladenen Kondensators:

$$W = \tfrac{1}{2}\,V\,Q = \tfrac{1}{2}C\,V^2$$

$W \ \ldots \ (\text{W}\cdot\text{sec}); \qquad V \ \ldots \ (\text{V}); \qquad Q \ \ldots \ (\text{C});$
$C \ \ldots \ (\text{F})$
s, g: $W \ \ldots \ (\text{Erg}); \qquad V \ \ldots \ (\text{E.S.E.}); \qquad Q \ \ldots \ (\text{E.S.E.});$
$C \ \ldots \ (\text{cm}).$

Räumliche Energiedichte im elektrischen Feld:

$$\tfrac{1}{2}\,E\,D \qquad \ldots \ (\text{W}\cdot\text{sec/m}^3)$$

$E \ \ldots \ (\text{V/m}); \qquad D \ \ldots \ (\text{C/m}^2)$

s, g:
$$\tfrac{1}{2}\,E\,D/4\,\pi \qquad \ldots \ (\text{Erg/cm}^3)$$

$E \ \ldots \ (\text{E.S.E.}); \qquad D \ \ldots \ (\text{E.S.E.}).$

Induktivitätsgesetz:
(n Windungszahl)

$$n\,\Phi = L\,I$$

$\Phi \ \ldots \ (\text{Wb}); \qquad L \ \ldots \ (\text{H}); \qquad I \ \ldots \ (\text{A})$
m: $\Phi \ \ldots \ (\text{Maxwell}); \qquad L \ \ldots \ (\text{cm}); \qquad I \ \ldots \ (\text{E.M.E.})$

p:
$$n\,\Phi = L\,I \cdot 10^{-8}$$

$\Phi \ \ldots \ (\text{Maxwell}); \qquad L \ \ldots \ (\text{H}); \qquad I \ \ldots \ (\text{A})$

g:
$$n\,c\,\Phi = L\,I$$

$\Phi \ \ldots \ (\text{Maxwell}); \qquad L \ \ldots \ (\text{cm}); \qquad I \ \ldots \ (\text{E.S.E.});$
c Lichtgeschwindigkeit in cm/sec.

Induktivität einer langen Spule:
(n Windungszahl; μ_r relative Permeabilität [Zahl]):

$$L = n^2 \, \mu \, A/s = n^2 \, \mu_r \, \mu_0 \, A/s$$

L . . . (H); μ . . . (H/m); $\mu_0 = 4\,\pi/10^7 \approx 1{,}257 \cdot 10^{-6}$ H/m;
A . . . (m²); s . . . (m)

m, g: $L = 4\,\pi\,n^2\,\mu_r\,A/s$

L . . . (cm); A . . . (cm²); s . . . (cm).

Magnetische Induktion:

$$B = \mu \, H = \mu_r \, \mu_0 \, H$$

wobei für ein homogenes Feld:

$$B = \Phi/A$$

B . . . (Wb/m²); H . . . (A/m); Φ . . . (Wb); A . . . (m²)

m, g: $B = \mu_r \, H$

B . . . (Gauß); H . . . (Oersted).

Magnetomotorische Kraft:

$$\oint H_s \, \mathrm{d}s = I$$

H . . . (A/m); s . . . (m); I . . . (A)

m: $\oint H_s \, \mathrm{d}s = 4\,\pi\,I$

H . . . (Oersted); s . . . (cm); I . . . (E.M.E.)

g: $\oint H_s \, \mathrm{d}s = 4\,\pi\,I/c$

H . . . (Oersted); s . . . (cm); I . . . (E.S.E.); c in cm/sec.

Magnetische Feldstärke in einer langen Spule:
(n Windungszahl)

$$H = n\,I/s$$

$H\ \ \ldots$ (A/m);　　$I\ \ldots$ (A);　　$s\ \ldots$ (m)
p: $H\ \ldots$ (A/cm);　　$I\ \ldots$ (A);　　$s\ \ldots$ (cm)

p: $\quad H = 0{,}4\,\pi\,n\,I/s$

$H\ \ \ldots$ (Oersted);　　$I\ \ldots$ (A);　　$s\ \ldots$ (cm)

m: $\quad H = 4\,\pi\,n\,I/s$

$H\ \ \ldots$ (Oersted);　　$I\ \ldots$ (E.M.E.);　　$s\ \ldots$ (cm)

g: $\quad H = 4\,\pi\,n\,I/c\,s$

$H\ \ \ldots$ (Oersted);　　$I\ \ldots$ (E.S.E.);　　$s\ \ldots$ (cm);　　c in cm/sec.

Magnetische Feldstärke im Abstand r von einem geraden stromdurch-flossenen Draht (Gesetz von Biot und Savart):

$$H = I/2\,\pi\,r$$

$H\ \ \ldots$ (A/m);　　$I\ \ldots$ (A);　　$r\ \ldots$ (m)
p: $H\ \ldots$ (A/cm);　　$I\ \ldots$ (A);　　$s\ \ldots$ (cm)

p: $\quad H = 0{,}2\,I/r$

$H\ \ \ldots$ (Oersted);　　$I\ \ldots$ (A);　　$r\ \ldots$ (cm)

m: $\quad H = 2\,I/r$

$H\ \ \ldots$ (Oersted);　　$I\ \ldots$ (E.M.E.);　　$r\ \ldots$ (cm)

g: $\quad H = 2\,I/c\,r$

$H\ \ \ldots$ (Oersted);　　$I\ \ldots$ (E.S.E.);　　$r\ \ldots$ (cm);　　c in cm/sec.

La placesches Gesetz:

(ds Leiterelement, das vom Strom I durchflossen wird; l Abstand zwischen ds und dem Punkt, für den die Feldstärke H gesucht wird; φ Winkel zwischen ds und l)

$$H = \int I \, ds \, \sin \varphi / 4 \, \pi \, l^2$$

H . . . (A/m); $\quad I$ . . . (A); $\quad s$ . . . (m); $\quad l$ . . . (m)
p: H . . . (A/cm); $\quad I$ . . . (A); $\quad s$ . . . (cm); $\quad l$ . . . (cm)

m: $\quad H = \int I \, ds \, \sin \varphi / l^2$

H . . . (Oersted); $\quad I$ . . . (E.M.E.); $\quad s$ . . . (cm); $\quad l$ . . . (cm)

g: $\quad H = \int I \, ds \, \sin \varphi / c \, l^2$

H . . . (Oersted); $\quad I$ . . . (E.S.E.); $\quad s$ . . . (cm); $\quad l$ . . . (cm);
c in cm/sec.

Energie einer stromdurchflossenen Spule:

$$W = \tfrac{1}{2} \, L \, I^2$$

W . . . (W · sec); $\quad L$ . . . (H); $\quad I$ . . . (A)
m: W . . . (Erg); $\quad L$ . . . (cm); $\quad I$ . . . (E.M.E.)

g: $\quad W = \tfrac{1}{2} \, L \, I^2 / c^2$

W . . . (Erg); $\quad L$ . . . (cm); $\quad I$ . . . (E.S.E.); $\quad c$ in cm/sec.

Räumliche Energiedichte im magnetischen Feld:

$$\tfrac{1}{2} \, H \, B \quad \text{. . . (W · sec/m}^3)$$

H . . . (A/m); $\quad B$ . . . (Wb/m^2)

m, g: $\quad \tfrac{1}{2} \, H \, B / 4 \, \pi \quad$ . . . (Erg/cm^3)

H . . . (Oersted); $\quad B$ . . . (Gauß).

Räumliche Energiedichte bei gleichzeitigem Auftreten eines elektrischen und eines magnetischen Feldes:

$$\tfrac{1}{2}\,(E\,D + H\,B) = \tfrac{1}{2}\,(\varepsilon\,E^2 + \mu\,H^2) \qquad \ldots \ (\text{W}\cdot\text{sec}/\text{m}^3)$$

$E \ldots (\text{V}/\text{m}); \quad D \ldots (\text{C}/\text{m}^2); \quad H \ldots (\text{A}/\text{m}); \quad B \ldots (\text{Wb}/\text{m}^2);$
$$\varepsilon \ldots (\text{F}/\text{m}); \quad \mu \ldots (\text{H}/\text{m})$$

g: $\qquad \tfrac{1}{2}\,(E\,D + H\,B)/4\,\pi = \tfrac{1}{2}\,(\varepsilon_r\,E^2 + \mu_r\,H^2)/4\,\pi \qquad \ldots \ (\text{Erg}/\text{cm}^3)$

$E \ldots (\text{E.S.E.}); \quad D \ldots (\text{E.S.E.}); \quad H \ldots (\text{Oersted});$
$$B \ldots (\text{Gauß}); \quad \varepsilon_r\ \text{Zahl}; \quad \mu_r\ \text{Zahl}.$$

Poyntingscher Vektor:

$$S = E\,H\,\sin\alpha$$

$S \ldots (\text{W}/\text{m}^2); \quad E \ldots (\text{V}/\text{m}); \quad H \ldots (\text{A}/\text{m})$

α Winkel zwischen den Vektoren E und H; Richtung des Vektors $S =$ = Richtung des Energiestromes = Fortbewegungsrichtung eines Korkenziehers bei der Drehung von E nach H auf dem kürzesten Wege

g: $\qquad S = c\,E\,H\,\sin\alpha/4\,\pi$

$S \ldots [\text{Erg}/(\text{sec}\cdot\text{cm}^2)]; \ E \ldots (\text{E.S.E.}); \ H \ldots (\text{Oersted}); \ c\ \text{in cm/sec.}$

Induktionsgesetz:

$$[\,\dot{\ldots} = \mathrm{d}\ldots/\mathrm{d}t; \quad t \ldots (\text{sec})\,]$$

$$V = \oint E_s\,\mathrm{d}s = -\dot{\Phi}$$

$V \ldots (\text{V}); \quad E \ldots (\text{V}/\text{m}); \quad s \ldots (\text{m}); \quad \Phi \ldots (\text{Wb})$
m: $V \ldots (\text{E.M.E.}); \ E \ldots (\text{E.M.E.}); \ s \ldots (\text{cm}); \ \Phi \ldots (\text{Maxwell})$

p: $\qquad V = \oint E_s\,\mathrm{d}s = -\dot{\Phi}\cdot 10^{-8}$

$V \ldots (\text{V}); \quad E \ldots (\text{V}/\text{cm}); \quad s \ldots (\text{cm}); \quad \Phi \ldots (\text{Maxwell})$

g: $\qquad V = \oint E_s\,\mathrm{d}s = -\dot{\Phi}/c$

$V \ldots (\text{E.S.E.}); \quad E \ldots (\text{E.S.E.}); \quad s \ldots (\text{cm}); \quad \Phi \ldots (\text{Maxwell});$
$$c\ \text{in cm/sec.}$$

Maxwellsche Gesetze:

$[\ldots = \mathrm{d} \ldots /\mathrm{d}t; \; t \ldots (\text{sec})]$

$$\begin{aligned}
\operatorname{rot} E &= \quad - \dot{B} \\
\operatorname{rot} H &= \dot{D} + S \\
\operatorname{div} D &= \varrho \\
\operatorname{div} B &= 0
\end{aligned}$$

$$B = \mu\, H; \qquad D = \varepsilon\, E; \qquad S = \gamma\, E$$

$E \ldots$ (V/m); $\quad B \ldots$ (Wb/m²); $\quad H \ldots$ (A/m); $\quad D \ldots$ (C/m²);

$S \ldots$ (A/m²); $\quad \varrho \ldots$ (C/m³); $\qquad \mu \ldots$ (H/m); $\qquad \varepsilon \ldots$ (F/m);

$$\gamma \ldots \text{(S/m)}$$

s, m:

$$\begin{aligned}
\operatorname{rot} E &= - \dot{B} \\
\operatorname{rot} H &= \dot{D} + 4\,\pi\,S \\
\operatorname{div} D &= 4\,\pi\,\varrho \\
\operatorname{div} B &= 0
\end{aligned}$$

$$\text{s:} \quad B = \mu_r\, H/c^2; \qquad D = \varepsilon_r\, E; \qquad S = \gamma\, E$$
$$\text{m:} \quad B = \mu_r\, H; \qquad D = \varepsilon_r\, E/c^2; \qquad S = \gamma\, E$$

s: $E, B, H, D \ldots$ (E.S.E.); $S \ldots$ (E.S.E. des Stromes/cm²);

     $\varrho \ldots$ (E.S.E. der Ladung/cm³); μ_r Zahl; c in cm/sec; ε_r Zahl;

     $\gamma \ldots$ (1/E.S.E. des Widerstandes · cm)

m: $E \ldots$ (E.M.E.); $B \ldots$ (Gauß); $H \ldots$ (Oersted);

     $D \ldots$ (E.M.E.); $S \ldots$ (E.M.E. des Stromes/cm²);

     $\varrho \ldots$ (E.M.E. der Ladung/cm³); μ_r Zahl; ε_r Zahl;

     c in cm/sec; $\gamma \ldots$ (1/E.M.E. des Widerstandes · cm)

g:

$$\begin{aligned}
\operatorname{rot} E &= - \dot{B}/c \\
\operatorname{rot} H &= \dot{D}/c + 4\,\pi\,S/c \\
\operatorname{div} D &= 4\,\pi\,\varrho \\
\operatorname{div} B &= 0
\end{aligned}$$

$$B = \mu_r\, H; \qquad D = \varepsilon_r\, E; \qquad S = \gamma\, E$$

$E \ldots$ (E.S.E.); $B \ldots$ (Gauß); $H \ldots$ (Oersted);

     $D \ldots$ (E.S.E.); $S \ldots$ (E.S.E. des Stromes/cm²);

     $\varrho \ldots$ (E.S.E. der Ladung/cm³); μ_r Zahl; ε_r Zahl;

     $\gamma \ldots$ (1/E.S.E. des Widerstandes · cm); c in cm/sec.

Kraft auf eine punktförmige Ladung im elektrischen Feld:

$$K = Q\,E$$

$$K \ldots (N); \qquad Q \ldots (C); \qquad E \ldots (V/m)$$
$$\text{s, g: } K \ldots (Dyn); \qquad Q \ldots (E.S.E.); \qquad E \ldots (E.S.E.).$$

Kraft zwischen zwei geladenen flachen parallelen Platten mit homogenem Feld im Vakuum:

$$K = \tfrac{1}{2}\,Q\,E = \tfrac{1}{2}\,\Psi\,E = \tfrac{1}{2}\,A\,D\,E = \tfrac{1}{2}\,\varepsilon_0\,E^2\,A = \tfrac{1}{2}\,Q^2/\varepsilon_0\,A$$

$$K \ldots (N); \; Q \ldots (C); \; E \ldots (V/m); \; \Psi \ldots (C); \; A \ldots (m^2);$$
$$D \ldots (C/m^2); \qquad \varepsilon_0 = 10^7/4\,\pi\,c^2\ F/m$$

$$\text{s, g: } \qquad K = \tfrac{1}{2}\,Q\,E = \tfrac{1}{2}\,A\,D\,E/4\,\pi = \tfrac{1}{2}\,E^2\,A/4\,\pi = \tfrac{1}{2}\,4\,\pi\,Q^2/A$$

$$K \ldots (Dyn); \qquad Q \ldots (E.S.E.); \qquad E \ldots (E.S.E.);$$
$$A \ldots (cm^2); \qquad D \ldots (E.S.E.).$$

Diese Kraft bleibt bei Änderung des Plattenabstandes konstant, wenn Q konstant und das Feld homogen bleibt.

Coulombsches Gesetz im Vakuum:

$$K = Q_1\,Q_2/4\,\pi\,r^2\,\varepsilon_0$$

$$K \ldots (N); \qquad Q \ldots (C); \qquad r \ldots (m); \qquad \varepsilon_0 = 10^7/4\,\pi\,c^2\ F/m$$

$$\text{s, g: } \qquad K = Q_1\,Q_2/r^2$$

$$K \ldots (Dyn); \qquad Q \ldots (E.S.E.); \qquad r \ldots (cm).$$

Elektrisches Dipolmoment (zwei gleiche und entgegengesetzte Ladungen Q im Abstand s):

$$p = Q\,s$$

$$p \ldots (C \cdot m); \qquad\qquad Q \ldots (C); \qquad s \ldots (m)$$
$$\text{s, g: } p \ldots (E.S.E.\ der\ Ladung \cdot cm); \quad Q \ldots (E.S.E.); \quad s \ldots (cm).$$

Gesetz von **Clausius** und **Mossoti** mit der Erweiterung von **Debije**:

$$(\varepsilon_r - 1)/(\varepsilon_r + 2) = n\,(\alpha + p''^2/3\,k\,T)/3\,\varepsilon_0$$

ε_r Zahl; n Zahl der Moleküle je m^3; elektrische Polarisierbarkeit $\alpha = = p'/E \ldots$ $(C \cdot m^2/V)$, p' induziertes elektrisches Dipolmoment eines Moleküls in $C \cdot m$, $E \ldots$ (V/m); p'' permanentes elektrisches Dipolmoment eines Moleküls in $C \cdot m$; k **Boltzmannsche** Konstante $= 1{,}38 \cdot \cdot 10^{-23}\,W \cdot sec/^0\,K$; $T \ldots$ $(^0 K)$; $\varepsilon_0 = 10^7/4\,\pi\,c^2 \approx 8{,}855 \cdot 10^{-12}\,F/m$

s, g:
$$(\varepsilon_r - 1)/(\varepsilon_r + 2) = 4\,\pi\,n\,(\alpha + p''^2/3\,k\,T)/3$$

ε_r Zahl; n Zahl der Moleküle je cm^3; $\alpha \ldots$ (cm^3); $p'' \ldots$ (E.S.E. der Ladung $\cdot$ cm); $k = 1{,}38 \cdot 10^{-16}\,Erg/^0K$; $T \ldots$ (^0K).

Drehmoment eines Dipols mit dem elektrischen Moment p im elektrischen Feld, wenn seine Achse senkrecht zu der Feldrichtung steht:

$$M = p\,E$$

$M \ldots$ $(N \cdot m)$; $p \ldots$ $(C \cdot m)$; $E \ldots$ (V/m)
s, g: $M \ldots$ $(Dyn \cdot cm)$; $p \ldots$ (E.S.E. der Ladung $\cdot$ cm);
$E \ldots$ (E.S.E.).

Kraft auf einen punktförmigen Magnetpol, aus dem der Fluß Φ heraustritt, im magnetischen Feld (annäherungsweise durch das eine Ende eines langen dünnen Stabmagneten oder einer langen dünnen stromdurchflossenen Spule zu verwirklichen):

$$K = \Phi\,H$$

$K \ldots$ (N); $\Phi \ldots$ (Wb); $H \ldots$ (A/m)

m, g:
$$K = \Phi\,H/4\,\pi$$

$K \ldots$ (Dyn); $\Phi \ldots$ (Maxwell); $H \ldots$ (Oersted).

Kraft zwischen zwei flachen parallelen Polen mit homogenem Feld im Vakuum:

$$K = \tfrac{1}{2}\,\Phi\,H = \tfrac{1}{2}\,A\,B\,H = \tfrac{1}{2}\,\mu_0\,H^2\,A = \tfrac{1}{2}\,\Phi^2/\mu_0\,A$$

$K \ldots$ (N); $\Phi \ldots$ (Wb); $H \ldots$ (A/m);
$A \ldots$ (m^2); $B \ldots$ (Wb/m^2); $\mu_0 = 4\,\pi/10^7\,H/m$

m, g: $K = \frac{1}{2}\, \Phi H/4\,\pi = \frac{1}{2}\, A\, B H/4\,\pi = \frac{1}{2}\, H^2\, A/4\,\pi = \frac{1}{2}\, \Phi^2/4\,\pi A$

$K \ldots$ (Dyn); $\Phi \ldots$ (Maxwell); $H \ldots$ (Oersted);
$A \ldots$ (cm²); $B \ldots$ (Gauß).

Diese Kraft bleibt bei Änderung des Polabstandes konstant, wenn Φ konstant und das Feld homogen bleibt. Der Fluß Φ bleibt im Prinzip konstant, als er durch einen Strom in einer kurzgeschlossenen supraleitenden Spule erzeugt wird.

Magnetisches Coulombsches Gesetz (zwei punktförmige Magnetpole, aus denen der Fluß Φ heraustritt [s. die Bemerkung bei $K = \Phi H$ hier oben]) im Vakuum:

$$K = \Phi_1\, \Phi_2/4\,\pi\, r^2\, \mu_0$$

$K \ldots$ (N); $\Phi \ldots$ (Wb); $r \ldots$ (m); $\mu_0 = 4\,\pi/10^7\,\mathrm{H/m}$

m, g: $K = \Phi_1\, \Phi_2/16\,\pi^2\, r^2$

$K \ldots$ (Dyn); $\Phi \ldots$ (Maxwell); $r \ldots$ (cm)

(m, g: $\Phi/4\,\pi$ ist die Polstärke P. Für P erhalten wir die einfache Form: $P_1\, P_2/r^2$).[1]

Magnetisches Dipolmoment:

a) Stabmagnet mit zwei entgegengesetzten Polen, wobei ein Fluß Φ beim einen Pol hinein- und beim anderen Pol heraustritt, mit dem Abstand s:

$$j = \Phi\, s$$

$j \ldots$ (Wb·m); $\Phi \ldots$ (Wb); $s \ldots$ (m)

m, g: $j = \Phi\, s/4\,\pi$

$\Phi \ldots$ (Maxwell); $s \ldots$ (cm).

---

[1] Sommerfeld, A., definiert die Polstärke anders, s. z. B. den in Fußnote 1, S. 44, angegebenen Artikel.

b) Spule von n Windungen mit der Windungsfläche A im Vakuum:

$$j = \mu_0\, n\, A\, I$$

$j \ldots$ (Wb $\cdot$ m); $\quad \mu_0 = 4\,\pi/10^7$ H/m; $\quad A \ldots$ (m²); $\quad I \ldots$ (A)

$$\text{m:} \quad j = n\, A\, I$$

$A \ldots$ (cm²); $\quad I \ldots$ (E.M.E.)

$$\text{g:} \quad j = n\, A\, I/c$$

$A \ldots$ (cm²); $\quad I \ldots$ (E.S.E.); $\quad c$ in cm/sec.

Drehmoment eines magnetischen Dipols (permanenter Magnet oder stromdurchflossene Spule) mit dem Moment j im magnetischen Feld, wenn seine Achse (beim Magneten die Verbindungslinie der Pole, bei der Spule die Normale zur Windungsfläche) senkrecht zur Feldrichtung steht:

$$M = j\, H$$

$M \ldots$ (N $\cdot$ m); $\quad j \ldots$ (Wb $\cdot$ m); $\quad H \ldots$ (A/m)

m, g: $M \ldots$ (Dyn $\cdot$ cm); $\quad\quad\quad\quad\quad H \ldots$ (Oersted).

Kraft auf einen geraden, vom Strom I durchflossenen Draht der Länge l, der senkrecht zur Richtung eines magnetischen Feldes steht [über die Richtung der Kraft s. die Bemerkung bei Gl. (71), S. 28]:

$$K = B\, I\, l$$

$K \ldots$ (N); $\quad B \ldots$ (Wb/m²); $\quad I \ldots$ (A); $\quad l \ldots$ (m)

m: $K \ldots$ (Dyn); $\quad B \ldots$ (Gauß); $\quad I \ldots$ (E.M.E.); $\quad l \ldots$ (cm)

$$\text{g:} \quad K = B\, I\, l/c$$

$K \ldots$ (Dyn); $\quad B \ldots$ (Gauß); $\quad I \ldots$ (E.S.E.); $\quad l \ldots$ (cm); $\quad c$ in cm/sec.

Kraft zwischen zwei parallelen Drähten der Länge l, die von zwei Strömen durchflossen werden (Anziehung bei gleicher Stromrichtung, Abstoßung bei entgegengesetzter Stromrichtung), im Abstand r ($r \ll l$):

$$K = \mu_0\, I_1\, I_2\, l/2\,\pi\, r$$

$K \ldots$ (N); $\quad \mu_0 = 4\,\pi/10^7$ H/m; $\quad I \ldots$ (A); $\quad l$ und $r \ldots$ (m)

$$m: \quad \begin{aligned} K &= 2\,I_1\,I_2\,l/r \\ (&= 4\,\pi\,I_1\,I_2\,l/2\,\pi\,r) \end{aligned}$$

$K \ldots$ (Dyn); $\qquad\qquad I \ldots$ (E.M.E.); l und $r \ldots$ (cm)

$$g: \quad K = 2\,I_1\,I_2\,l/c^2\,r$$

$K \ldots$ (Dyn); $\qquad\qquad I \ldots$ (E.S.E.); l und $r \ldots$ (cm); c in cm/sec.

Kraft auf eine Ladung, die sich mit der Geschwindigkeit v senkrecht zur Richtung eines magnetischen Feldes bewegt (Lorentzkraft) [über die Richtung der Kraft s. die Bemerkung bei Gl. (73), S. 29]:

$$K = Q\,v\,B$$

$K \ldots$ (N); $\quad Q \ldots$ (C); $\qquad v \ldots$ (m/sec); $\quad B \ldots$ (Wb/m^2)

m: $K \ldots$ (Dyn); $Q \ldots$ (E.M.E.); $v \ldots$ (cm/sec); $\quad B \ldots$ (Gauß)

$$g: \quad K = Q\,v\,B/c$$

$K \ldots$ (Dyn); $Q \ldots$ (E.S.E.); $v \ldots$ (cm/sec); $\quad B \ldots$ (Gauß); c in cm/sec.

Drehmoment einer Spule mit n Windungen der Windungsfläche A, deren Flächennormale senkrecht zur Richtung eines magnetischen Feldes steht [die Drehrichtung kann aus dem bei Gl. (71) Gesagten abgeleitet werden]:

$$M = n\,I\,B\,A$$

$M \ldots$ (N $\cdot$ m); $\qquad I \ldots$ (A); $\qquad B \ldots$ (Wb/m^2);
$\qquad\qquad\qquad\qquad A \ldots$ (m^2)

m: $M \ldots$ (Dyn $\cdot$ cm); $\quad I \ldots$ (E.M.E.); $B \ldots$ (Gauß);
$\qquad\qquad\qquad\qquad A \ldots$ (cm^2)

$$g: \quad M = n\,I\,B\,A/c$$

$M \ldots$ (Dyn $\cdot$ cm); $\quad I \ldots$ (E.S.E.); $\quad B \ldots$ (Gauß);
$\qquad\qquad A \ldots$ (cm^2); c in cm/sec.

Elektrische Polarisation P, relative elektrische Suszeptibilität χ_r:

$$D = \varepsilon_r\, \varepsilon_0\, E = \varepsilon_r\, D_0 = D_0 + P$$
$$P = D - D_0 = \varepsilon_0\, E\, (\varepsilon_r - 1) = p/V$$
$$\chi_r = P/D_0 = \varepsilon_r - 1$$

D . . . (C/m²); ε_r Zahl; $\varepsilon_0 = 10^7/4\,\pi\,c^2$ F/m; E . . . (V/m);
P . . . (C/m²); p . . . (C · m); V . . . (m³); χ_r Zahl

$$g:\qquad D = \varepsilon_r\, E = E + 4\,\pi\,P$$
$$P = (D - E)/4\,\pi = E\,(\varepsilon_r - 1)/4\,\pi = p/V$$
$$\chi_r = P/E = (\varepsilon_r - 1)/4\,\pi$$

D . . . (E.S.E.); ε_r Zahl; E . . . (E.S.E.);
p . . . (E.S.E. der Ladung · cm); V . . . (cm³); χ_r Zahl.

Magnetische Polarisation J, relative magnetische Suszeptibilität $\varkappa_r$:

$$B = \mu_r\, \mu_0\, H = \mu_r\, B_0 = B_0 + J$$
$$J = B - B_0 = \mu_0\, H\, (\mu_r - 1) = j/V$$
$$\varkappa_r = J/B_0 = \mu_r - 1$$

B . . . (Wb/m²); μ_r Zahl; $\mu_0 = 4\,\pi/10^7$ H/m; H . . . (A/m);
J . . . (Wb/m²); j . . . (Wb · m); V . . . (m³); $\varkappa_r$ Zahl

$$g:\qquad B = \mu_r\, H = H + 4\,\pi\,J$$
$$J = (B - H)/4\,\pi = H\,(\mu_r - 1)/4\,\pi = j/V$$
$$\varkappa_r = J/H = (\mu_r - 1)/4\,\pi$$

B . . . (Gauß); μ_r Zahl; H . . . (Oersted); j s. S. 73;
V . . . (cm³); $\varkappa_r$ Zahl.

Entmagnetisierung[1]:

$$B_m = \mu_{r\,\text{eff}}\, B_0 = \mu_r\, B$$
$$B_0 = \mu_0\, H \qquad B = \mu_0\, H_m$$
$$B_m = B + J$$
$$J = B_m\,(1 - 1/\mu_r) = B\,(\mu_r - 1)$$
$$B = B_0 - N\,J \qquad H_m = H_0 - N\,J/\mu_0$$
$$\mu_{r\,\text{eff}} = \mu_r\,[1 + N\,(\mu_r - 1)]$$

B . . . (Wb/m²); μ_r Zahl; $\mu_0 = 4\,\pi/10^7$ H/m; H . . . (A/m);

---

[1] Für die Bedeutung der benutzten Symbole s. § 18.

$J \ldots$ (Wb/m^2); N (Entmagnetisierungsfaktor) Zahl (z. B. ist für eine Kugel: $N = 1/3$)

$$
\begin{aligned}
&B_m = \mu_{r\text{ eff}}\, H_0 = \mu_r\, H \\
&B_m = H + 4\,\pi\, J \\
\text{g:} \quad &J = B_m\,(1 - 1/\mu_r)/4\,\pi = H\,(\mu_r - 1)/4\,\pi \\
&H = H_0 - N'\, J \\
&\mu_{r\text{ eff}} = \mu_r/(1 + N'\,(\mu_r - 1)/4\,\pi)
\end{aligned}
$$

$B \ldots$ (Gauß); $\quad \mu_r$ Zahl; $\quad H \ldots$ (Oersted); $\quad N' = 4\,\pi\,N$ (z. B. ist für eine Kugel: $N' = 4\,\pi/3$).

Senderfeld[1]:

Feldstärken im freien Raum im Abstand r in der mittelsenkrechten Fläche eines Dipols der Länge s mit an den Enden konzentrierter Kapazität $(r \gg s;\ \lambda = 2\,\pi\,c/\omega \gg s)$:

$$
\begin{aligned}
E &= (p/r^3 + \dot p/c\, r^2 + \ddot p/c^2\, r)/4\,\pi\,\varepsilon_0 \\
H &= \qquad\ (\dot p/c\, r^2 + \ddot p/c^2\, r)\, c/4\,\pi
\end{aligned}
$$

Ist der in der ganzen Länge s in gleicher Stärke fließende Wechselstrom $I = I_0\, e^{j\,\omega\, t}$ gegeben, so ist $p = I\, s/j\,\omega$; $\dot p = I\, s$; $\ddot p = j\,\omega\, I\, s$.

$E \ldots$ (V/m); $\quad p \ldots$ (C $\cdot$ m); $\quad \dot p = \mathrm{d}p/\mathrm{d}t$; $\quad \ddot p = \mathrm{d}^2 p/\mathrm{d}t^2$;

$t \ldots$ (sec); $\quad r \ldots$ (m); $\quad c$ in m/sec;

$\varepsilon_0 = 10^7/4\,\pi\, c^2$ F/m; $\quad H \ldots$ (A/m); $\quad s \ldots$ (m)

$$
\begin{aligned}
\text{g:} \quad E &= p/r^3 + \dot p/c\, r^2 + \ddot p/c^2\, r \\
H &= \qquad \dot p/c\, r^2 + \ddot p/c^2\, r
\end{aligned}
$$

$E \ldots$ (E.S.E.); $\quad p \ldots$ (E.S.E. der Ladung $\cdot$ cm); $\quad r \ldots$ (cm);

$t \ldots$ (sec); $\quad c$ in cm/sec; $\quad H \ldots$ (Oersted); $\quad I \ldots$ (E.S.E.);

$s \ldots$ (cm); $\quad \omega \ldots$ (sec^{-1}).

Richtung von E senkrecht zu r und zur mittelsenkrechten Fläche; Richtung von H in dieser Fläche senkrecht zu r.

---

[1] Vgl. hierzu z. B. Becker, R.: Theorie der Elektrizität, 10. Aufl., S. 219 ff. Leipzig und Berlin: B. G. Teubner. 1933.

Wird der Dipol ersetzt durch eine Spule mit n Windungen der Windungsfläche A, deren Normale senkrecht zum Dipol und zu r steht (Maße der Spule $\ll r$ und $\ll \lambda$), so erhalten wir:

$$H = (j/r^3 + \dot{j}/c\, r^2 + \ddot{j}/c^2\, r)/4\,\pi\,\mu_0$$
$$E = \qquad (\dot{j}/c\, r^2 + \ddot{j}/c^2\, r)\, c/4\,\pi$$

Für einen sinusförmigen Wechselstrom I durch die Spule ist: $j = \mu_0\, n\, I\, A$;

$\dot{j} = \mu_0\, n\, I\, A\, \mathrm{j}\, \omega$; $\ddot{j} = \mu_0\, n\, I\, A\, \mathrm{j}^2\, \omega^2$.

$H \ldots$ (A/m); $j \ldots$ (Wb·m); $r \ldots$ (m); $t \ldots$ (sec);

c in m/sec; $\mu_0 = 4\,\pi/10^7\,\mathrm{H/m}$; $E \ldots$ (V/m); $I \ldots$ (A);

$$\mathrm{j} = \sqrt{-1}; \qquad A \ldots (\mathrm{m}^2); \qquad \omega \ldots (\mathrm{sec}^{-1})$$

$$\mathrm{g}: \qquad H = j/r^3 + \dot{j}/c\, r^2 + \ddot{j}/c^2\, r$$
$$E = \qquad \dot{j}/c\, r^2 + \ddot{j}/c^2\, r$$

$$j = n\, I\, A/c; \qquad \dot{j} = \mathrm{j}\,\omega\, n\, I\, A/c; \qquad \ddot{j} = \mathrm{j}^2\,\omega^2\, n\, I\, A/c$$

$H \ldots$ (Oersted); j s. S. 73, 74; $r \ldots$ (cm); $t \ldots$ (sec);

c in cm/sec; $E \ldots$ (E.S.E.); $I \ldots$ (E.S.E.); $A \ldots$ (cm²);

$$\mathrm{j} = \sqrt{-1}; \qquad \omega \ldots (\mathrm{sec}^{-1}).$$

§ 22. Umrechnung aus anderen Maßsystemen in das rationalisierte Giorgische Maßsystem.

Tabelle 5.

Gegeben: Zahlenwert der Größe in Einheiten

s . . . des elektrostatischen CGS-Systems

m . . . des elektromagnetischen CGS-Systems

g . . . des Gaußschen Maßsystems

p . . . der bisher in der Praxis gebräuchlichen Einheitenzusammenstellung (hauptsächlich CGS und V und A).

Gesucht: Zahlenwert der Größe im rationalisierten Giorgischen Maßsystem.

Dazu: Gegebenen Zahlenwert mit Umrechnungsfaktor multiplizieren.

Beispiel: Eine Kapazität von 50 cm ist $50 \cdot 1{,}11 \cdot 10^{-12}$, d. h. $55{,}5 \cdot 10^{-12}$ F.

In Tab. 5 ist c der Zahlenwert der Lichtgeschwindigkeit in m/sec = $= 2{,}99776 \cdot 10^8 \approx 3 \cdot 10^8$.

Tabelle 5 *(Fortsetzung)*.

Größe	Maß-system	Einheit	Umrechnungs-faktor		Einheit (Giorgi)
			genau	annähernd	
Spannung V	s, g	—	$c/10^6$	300	V
	m	—	10^{-8}	—	
Elektrische Feld-stärke E	s, g	—	$c/10^4$	$3 \cdot 10^4$	V/m
	m	—	10^{-6}	—	
	p	V/cm	10^2	—	
Stromstärke I	s, g	—	$1/10\ c$	$3,33 \cdot 10^{-10}$	A
	m	—	10	—	
Stromdichte S	s, g	—	$10^3/c$	$3,33 \cdot 10^{-6}$	A/m^2
	m	—	10^5	—	
	p	A/cm^2	10^4	—	
Leistung P	s, m	Erg/sec	10^{-7}	—	$V \cdot A = W$
	g	Erg/sec	10^{-7}	—	
Energie, Arbeit W	s, m	Erg	10^{-7}	—	$W \cdot sec$
	g	Erg	10^{-7}	—	$= Joule\ (J)$
	p	kWh	$3,6 \cdot 10^6$	—	$= N \cdot m$
Energiedichte, Energie je Volumeneinheit	s, m	Erg/cm^3	10^{-1}	—	$W \cdot sec/m^3$
	g	Erg/cm^3	10^{-1}	—	
	p	$W \cdot sec/cm^3$	10^6	—	
Widerstand R	s, g	—	$c^2/10^5$	$9 \cdot 10^{11}$	$V/A = \Omega$
	m	—	10^{-9}	—	
Spezifischer Wider-stand ϱ	s, g	—	$c^2/10^7$	$9 \cdot 10^9$	$\Omega \cdot m$
	m	—	10^{-11}	—	
	p	$\Omega \cdot cm$	10^{-2}	—	
	p	$\Omega \cdot mm^2/m$	10^{-6}	—	
Leitwert G	s, g	—	$10^5/c^2$	$1,11 \cdot 10^{-12}$	$A/V = 1/\Omega$
	m	—	10^9	—	$= Siemens$
					$(S) = mho$
Spezifischer Leitwert γ	s, g	—	$10^7/c^2$	$1,11 \cdot 10^{-10}$	
	m	—	10^{11}	—	
	p	$1/\Omega \cdot cm$ $= mho/cm$ $= S/cm$	10^2	—	$1/\Omega \cdot m$ $= mho/m$ $= S/m$
	p	$m/\Omega \cdot mm^2$	10^6	—	

Tabelle 5 *(Fortsetzung)*.

Größe	Maß-system	Einheit	Umrechnungs-faktor genau	annähernd	Einheit (Giorgi)
Kapazität C	s, g m	cm —	$10^5/c^2$ 10^9	$1{,}11 \cdot 10^{-12}$ —	$A \cdot sec/V = F$
Induktivität L	s m, g	— cm	$c^2/10^5$ 10^{-9}	$9 \cdot 10^{11}$ —	$V \cdot sec/A = H$
Ladung Q	s, g m	— —	$1/10\,c$ 10	$3{,}33 \cdot 10^{-10}$ —	$A \cdot sec = C$
Elektrischer Fluß Ψ $(= \int D\,dA)$	s, g m	— —	$1/4\,\pi c \cdot 10$ $10/4\,\pi$	$2{,}65 \cdot 10^{-11}$ $7{,}96 \cdot 10^{-1}$	$A \cdot sec = C$ $(\Psi = Q)$
Elektrische Induktion, Verschiebungsdichte D	s, g m p	— — C/cm^2	$10^3/4\,\pi c$ $10^5/4\,\pi$ 10^4	$2{,}65 \cdot 10^{-7}$ $7{,}96 \cdot 10^3$ —	$A \cdot sec/m^2$ $= C/m^2$
Ladungsdichte ϱ	s, g m	— —	$10^5/c$ 10^7	$3{,}33 \cdot 10^{-4}$ —	$A \cdot sec/m^3$ $= C/m^3$
Elektrische Feldstärke E	s, g m p	— — V/cm	$c/10^4$ 10^{-6} 10^2	$3 \cdot 10^4$ — —	V/m
Influenzkonstante ε_0	p	F/cm	10^2	—	$A \cdot sec/V \cdot m$ $= F/m$
Elektrisches Dipolmoment p	s, g m p	— — $C \cdot cm$	$1/c \cdot 10^3$ 10^{-1} 10^{-2}	$3{,}33 \cdot 10^{-12}$ — —	$A \cdot sec \cdot m$ $= C \cdot m$
Elektrische Polarisation (Moment je Volumeneinheit) P	s, g	—	$10^3/c$	$3{,}33 \cdot 10^{-6}$	$A \cdot sec/m^2$ $= C/m^2$
Relative elektrische Suszeptibilität χ_r (P/E)	s, g	Zahl	$4\,\pi$	$12{,}57$	Zahl $(P/D =$ $= \varepsilon_r - 1)$
Elektrische Polarisierbarkeit (Moment/Feldstärke) α	s, g	cm^3	$10/c^2$	$1{,}11 \cdot 10^{-16}$	$A \cdot sec \cdot m^2/V$

Tabelle 5 *(Fortsetzung)*.

Größe	Maßsystem	Einheit	Umrechnungsfaktor		Einheit (Giorgi)
			genau	annähernd	
Magnetischer Fluß Φ ($= \int B\,dA$)	s m, g	— Maxwell	$c/10^6$ 10^{-8}	300 —	$V \cdot sec =$ Weber $=$ Wb
Magnetische Induktion B	s m, g p	— Gauß $V \cdot sec/cm^2$	$c/10^2$ 10^{-4} 10^4	$3 \cdot 10^6$ — —	$V \cdot sec/m^2$ $= Wb/m^2$
Magnetische Feldstärke H	s m,g,p p	— Oersted A/cm	$10/4\pi c$ $10^3/4\pi$ 10^2	$2{,}65 \cdot 10^{-9}$ $79{,}6$ —	A/m
Induktionskonstante μ_0	p	H/cm	10^2	—	$V \cdot sec/A \cdot m$ $= H/m$
Magnetisches Dipolmoment j	m, g p	— $V \cdot sec \cdot cm$	$4\pi \cdot 10^{-10}$ 10^{-2}	$1{,}257 \cdot 10^{-9}$ —	$V \cdot sec \cdot m$ $= Wb \cdot m$
Magnetische Polarisation (Moment je Volumeneinheit) J	m, g	—	$4\pi \cdot 10^{-4}$	$1{,}257 \cdot 10^{3}$	$V \cdot sec/m^2$ $= Wb/m^2$
Relative magnetische Suszeptibilität $\varkappa_r$ (J/H)	m, g	Zahl	4π	$12{,}57$	Zahl $(J/B$ $= \mu_r - 1)$
Magnetische Polarisierbarkeit (Moment eines Moleküls/Feldstärke) β	m, g	—	$16\pi^2 \cdot 10^{-13}$	$1{,}58 \cdot 10^{-11}$	$V \cdot sec \cdot m^2/A$
Entmagnetisierungsfaktor N Entelektrisierungsfaktor (Kugel: $N = 4\pi/3$)	m, g s	Zahl	$1/4\pi$	$7{,}96 \cdot 10^{-2}$	Zahl (Kugel: N $= 1/3)$
Kraft K	s, m g, p technisch	Dyn Dyn kg-Gewicht	10^{-5} 10^{-5} g	— — $9{,}81$	Newton (N)

§ 23. Umrechnung aus dem rationalisierten Giorgischen Maßsystem in andere Maßsysteme.

Tabelle 6.

Gegeben: Zahlenwert der Größe im rationalisierten Giorgischen Maßsystem.

Gesucht: Zahlenwert der Größe in Einheiten

 s . . . des elektrostatischen CGS-Systems

 m . . . des elektromagnetischen CGS-Systems

 g . . . des Gaußschen Maßsystems

 p . . . der bisher in der Praxis gebräuchlichen Einheitenzusammenstellung (hauptsächlich CGS und V und A).

Dazu: Gegebenen Zahlenwert mit Umrechnungsfaktor multiplizieren.

Beispiel: Eine Induktivität von 4 H ist $4 \cdot 10^9$ cm.

In Tab. 6 ist c der Zahlenwert der Lichtgeschwindigkeit in m/sec =
$= 2{,}99776 \cdot 10^8 \approx 3 \cdot 10^8$.

Größe	Einheit (Giorgi)	Umrechnungsfaktor		Maß-system	Einheit
		genau	annähernd		
Spannung V	V	$10^6/c$ 10^8	$3{,}33 \cdot 10^{-3}$ —	s, g m	— —
Elektrische Feldstärke E	V/m	$10^4/c$ 10^6 10^{-2}	$3{,}33 \cdot 10^{-5}$ — —	s, g m p	— — V/cm
Stromstärke I	A	$10\,c$ 10^{-1}	$3 \cdot 10^9$ —	s, g m	— —
Stromdichte S	A/m²	$c/10^3$ 10^{-5} 10^{-4}	$3 \cdot 10^5$ — —	s, g m p	— — A/cm²
Leistung P	$V \cdot A = W$	10^7 10^7	— —	s, m g	Erg/sec Erg/sec
Energie, Arbeit W	$W \cdot \text{sec}$ $= \text{Joule } (J)$ $= N \cdot m$	10^7 10^7 $1/3{,}6 \cdot 10^6$	— — $2{,}778 \cdot 10^{-5}$	s, m g p	Erg Erg kWh
Energiedichte, Energie je Volumeneinheit	$W \cdot \text{sec}/m^3$	10 10 10^{-6}	— — —	s, m g p	Erg/cm³ Erg/cm³ $W \cdot \text{sec}/cm^3$
Widerstand R	$V/A = \Omega$	$10^5/c^2$ 10^9	$1{,}11 \cdot 10^{-12}$ —	s, g m	— —

Tabelle 6 *(Fortsetzung)*.

Größe	Einheit (Giorgi)	Umrechnungsfaktor		Maß-system	Einheit
		genau	annähernd		
Spezifischer Widerstand ϱ	$\Omega \cdot m$	$10^7/c^2$ 10^{11} 10^2 10^6	$1,11 \cdot 10^{-10}$ — — —	s, g m p p	— — $\Omega \cdot cm$ $\Omega \cdot mm^2/m$
Leitwert G	$A/V = 1/\Omega$ $=$ Siemens (S) $=$ mho	$c^2/10^5$ 10^{-9}	$9 \cdot 10^{11}$ —	s, g m	— —
Spezifischer Leitwert γ	$1/\Omega \cdot m$ $=$ mho/m $=$ S/m	$c^2/10^7$ 10^{-11} 10^{-2} 10^{-6}	$9 \cdot 10^9$ — — —	s, g m p p	— — $1/\Omega \cdot cm =$ mho/cm $=$ S/cm $m/\Omega \cdot mm^2$
Kapazität C	$A \cdot sec/V$ $=$ F	$c^2/10^5$ 10^{-9}	$9 \cdot 10^{11}$ —	s, g m	cm —
Induktivität L	$V \cdot sec/A$ $=$ H	$10^5/c^2$ 10^9	$1,11 \cdot 10^{-12}$ —	s m, g	— cm
Ladung Q	$A \cdot sec =$ C	$10\,c$ 10^{-1}	$3 \cdot 10^9$ —	s, g m	— —
Elektrischer Fluß Ψ ($\Psi = Q$)	$A \cdot sec =$ C	$4\,\pi\,c \cdot 10$ $4\,\pi/10$	$3,77 \cdot 10^{10}$ $1,257$	s, g m	$(\Psi = \int D dA)$ —
Elektrische Induktion, Verschiebungsdichte D	$A \cdot sec/m^2$ $=$ C/m^2	$4\,\pi\,c/10^3$ $4\,\pi/10^5$ 10^{-4}	$3,77 \cdot 10^6$ $1,257 \cdot 10^{-4}$ —	s, g m p	— — C/cm^2
Ladungsdichte ϱ	$A \cdot sec/m^3$ $=$ C/m^3	$c/10^5$ 10^{-7}	$3 \cdot 10^8$ —	s, g m	— —
Elektrische Feldstärke E	V/m	$10^4/c$ 10^6 10^{-2}	$3,33 \cdot 10^{-3}$ — —	s, g m p	— — V/cm
Influenzkonstante ε_0	$A \cdot sec/V \cdot m$ $=$ F/m	10^{-2}	—	p	F/cm
Elektrisches Dipolmoment p	$A \cdot sec \cdot m$ $=$ C $\cdot$ m	$c \cdot 10^3$ 10 10^2	$3 \cdot 10^{11}$ — —	s, g m p	— — C $\cdot$ cm
Elektrische Polarisation (Moment je Volumeneinheit) P	$A \cdot sec/m^2$ $=$ C/m^2	$c/10^3$	$3 \cdot 10^5$	s, g	—

Tabelle 6 *(Fortsetzung)*.

Größe	Einheit (Giorgi)	Umrechnungsfaktor genau	Umrechnungsfaktor annähernd	Maßsystem	Einheit
Relative elektrische Suszeptibilität χ_r $(P/D = \varepsilon_r - 1)$	Zahl	$1/4\,\pi$	$7{,}96 \cdot 10^{-2}$	s, g	Zahl (P/E)
Elektrische Polarisierbarkeit (Moment eines Moleküls/Feldstärke) α	$A \cdot sec \cdot m^2/V$	$c^2/10$	$9 \cdot 10^{15}$	s, g	cm^3
Magnetischer Fluß Φ $(= \int B\,dA)$	$V \cdot sec =$ Weber $=$ Wb	$10^6/c$ 10^8	$3{,}33 \cdot 10^{-3}$ —	s m, g	— Maxwell
Magnetische Induktion B	$V \cdot sec/m^2$ $=$ Wb/m²,	$10^2/c$ 10^4 10^{-4}	$3{,}33 \cdot 10^{-7}$ — —	s m, g p	— Gauß $V \cdot sec/cm^2$
Magnetische Feldstärke H	A/m	$4\,\pi\,c/10$ $4\,\pi/10^3$ 10^{-2}	$3{,}77 \cdot 10^8$ $1{,}257 \cdot 10^{-2}$ —	s m,g,p p	— Oersted A/cm
Induktionskonstante μ_0	$V \cdot sec/A \cdot m$ $=$ H/m	10^{-2}	—	p	H/cm
Magnetisches Dipolmoment j	$V \cdot sec \cdot m$ $=$ Wb $\cdot$ m	$10^{10}/4\,\pi$ 10^2	$7{,}96 \cdot 10^8$ —	m, g p	— $V \cdot sec \cdot cm$
Magnetische Polarisation (Moment je Volumeneinheit) J	$V \cdot sec/m^2$ $=$ Wb/m²	$10^4/4\,\pi$	$7{,}96 \cdot 10^2$	m, g	—
Relative magnetische Suszeptibilität $\varkappa_r$ $(J/B = \mu_r - 1)$	Zahl	$1/4\,\pi$	$7{,}96 \cdot 10^{-2}$	m, g	Zahl (J/H)
Magnetische Polarisierbarkeit (Moment eines Moleküls/Feldstärke) β	$V \cdot sec \cdot m^2/A$	$10^{13}/16\,\pi^2$	$6{,}33 \cdot 10^{10}$	m, g	—
Entmagnetisierungsfaktor N Entelektrisierungsfaktor (Kugel: $N = 1/3$)	Zahl	$4\,\pi$	$12{,}57$	m, g s	Zahl (Kugel: $N = 4\,\pi/3$)
Kraft K	Newton (N)	10^5 10^5 $1/g$	— — $0{,}102$	s, m g, p technisch	Dyn Dyn kg-Gewicht

§ 24. Zusammenstellung der benutzten Symbole.
Tabelle 7.

Symbol	Benennung	Einheit	Seite
A	Fläche, Querschnitt	m²	
a	Faktor im Strombeispiel, analog ε_r und μ_r	Zahl	*45, 46,* 47
B	Magnetische Induktion	V · sec/m² = Wb/m²	*15, 16, 18,* 19, 23, 28, 29, 37, 41, 43, 44, 45, 48, 53, 56, 58, 63
b	Breite	m	
C	Kapazität	A · sec/V = F	7, 9, 11, 42, 63
C'	Kapazität je Längeneinheit bei Leitungen	F/m	42, 43
c	Lichtgeschwindigkeit	m/sec	
D	Elektrische Induktion, Verschiebungsdichte	A · sec/m² = C/m²	*8, 9, 10, 11,* 12, *13,* 25, 27, 37, 38, 41, 44, 63
d	Abstand	m	
E	Elektrische Feldstärke	V/m	*2, 3, 4, 8, 10,* 11, 23, 25, 26, 27, 44, 45, 46, 50, 53, 63
E	Elastizitätsmodul	N/m²	43
e	Ladung des Elektrons	C	5
F	Elektrisierung	V/m	50, 51
f	Elektrisches Flächenmoment	V · m²	51
G	Leitwert	A/V = S	
g	Fallbeschleunigung	m/sec²	26
H	Magnetische Feldstärke	A/m	*15, 16, 17, 18, 19,* 23, 24, 25, 29, 37, 39, 40, 41, 43, 44, 45, 48, 50, 53, 55, 56, 58, 63 u. a.
I	Strom	A	
J	Magnetische Polarisation	V · sec/m² = Wb/m²	44, *45,* 48, 49, *50, 51,* 52, 59, 76
j	Magnetisches Dipolmoment	V · sec · m = Wb · m	51, 52, 78 u. a.
j	Imaginäre Einheit	Zahl	
K	Kraft	N	
K	Summenglied im Stromfeldbeispiel, analog der Polarisation	A/m²	45, 46, 47
k	Boltzmannsche Konstante	W · sec/⁰ K	72

Tabelle 7 *(Fortsetzung)*.

Symbol	Benennung	Einheit	Seite
L	Induktivität	$V \cdot \text{sec}/A$ $= H$	*14*, 16, 19, 20, 42, 63 u. a.
L'	Induktivität je Längeneinheit bei Leitungen	H/m	42, 43
l	Länge	m	
M	Drehmoment	$N \cdot m$	29, 51, 52 u. a.
M	Magnetisierung	A/m	49, 50, 51
m	Magnetisches Flächenmoment	$A \cdot m^2$	51, 52
N	Entelektrisierungs-, Entmagnetisierungsfaktor	Zahl	*46*, *47*, 48, 49 u. a.
n	Windungszahl	Zahl	
n	Zahl der Moleküle je Volumeneinheit	$1/m^3$	72
P	Leistung	$V \cdot A = W$	
P	Elektrische Polarisation	$A \cdot \text{sec}/m^2$ $= C/m^2$	44, 45, *50*, *51*, u. a.
p	Elektrisches Dipolmoment	$A \cdot \text{sec} \cdot m$ $= C \cdot m$	51, 52, 72, 77 u. a.
Q	Ladung	$A \cdot \text{sec} = C$	*6*, *7*, 11, 12, 13, 25, 26, 27, 28, 51, 63 u. a.
R	Widerstand	$V/A = \Omega$	
r	Abstand	m	
S	Stromdichte	A/m^2	*2*, *4*, 25, 44, 45 u. a.
S	Poyntingscher Vektor	W/m^2	69
s	Weglänge, Länge, Abstand	m	
T	Temperatur	^0C; ^0K	72
t	Zeit	sec	
U	Spannung	V	51
V	Spannung	V	
V	Volumen	m^3	12, 13, 51 u. a.
v	Geschwindigkeit	m/sec	
W	Energie	$V \cdot A \cdot \text{sec}$ $= W \cdot \text{sec}$ $= N \cdot m$	

Tabelle 7 *(Fortsetzung)*.

Symbol	Benennung	Einheit	Seite
α (Alpha)	Elektrische Polarisierbarkeit	$A \cdot sec \cdot m^2/V$ $= C \cdot m^2/V$	52, 72
β (Beta)	Magnetische Polarisierbarkeit	$V \cdot sec \cdot m^2/A$ $= Wb \cdot m^2/A$	52
γ (Gamma)	Spezifischer Leitwert	$A/V \cdot m$ $= S/m$	2, 3, 8, 16, 45, 46, 53, 70
ε (Epsilon)	(Absolute) Dielektrizitäts-konstante	$A \cdot sec/V \cdot m$ $= F/m$	8, 9, 11, 16, 25, 27, 45 u. a.
ε_0	Influenzkonstante	$A \cdot sec/V \cdot m$ $= F/m$	9, 11, 27, 30, 33, 35, 43 u. a.
ε_r	Relative Dielektrizitäts-konstante	Zahl	9, 27, 28, 45, 49, 50, 52, 72
$\varkappa_r$ (Kappa)	(Relative) magnetische Sus-zeptibilität	Zahl	52, 76
λ (Lambda)	Wellenlänge	m	77, 78
μ (Mü)	(Absolute) Permeabilität	$V \cdot sec/A \cdot m$ $= H/m$	15, 16, 17, 19, 23, 45, 53 u. a.
μ_0	Induktionskonstante	$V \cdot sec/A \cdot m$ $= H/m$	16, 20, 28, 29, 30, 33, 34, 35, 43 u. a.
μ_r	Relative Permeabilität	Zahl	16, 17, 20, 29, 43, 45, 48, 49, 50, 52, 54 u. a.
ϱ (Rho)	Spezifischer Widerstand	$\Omega \cdot m$	63
ϱ	Ladungsdichte	C/m^3	12, 13, 70
ϱ	Dichte	kg/m^3	43
Φ (Phi)	Magnetischer Fluß	$V \cdot sec = Wb$	14, 18, 19, 20, 22, 24, 29, 32, 43, 44, 45, 51, 53, 54, 63 u. a.
χ_r (Chi)	(Relative) elektrische Sus-zeptibilität	Zahl	52, 76
Ψ (Psi)	Elektrischer Fluß	$A \cdot sec = C$	7, 8, 10, 12, 25, 27, 31, 34, 36, 38, 44, 45, 60 u. a.
ω (Omega)	Winkelgeschwindigkeit	sec^{-1}	43, 77, 78

Anhang.

Personen mit umfangreicher theoretischer Vorbildung auf dem Gebiet der Elektrizitätslehre, also hauptsächlich Physiker, finden dieses Buch im allgemeinen sehr unbefriedigend. Ihre wichtigsten Einwände kann man folgendermaßen formulieren.

„Das Buch bringt nichts Neues. An sich bekannte Gesetze werden in ungebräuchlicher Reihenfolge zusammengestellt. Ein tieferes Eingehen auf die Ursachen, das z. B. bei der Polarisation oder Magnetisierung interessant wäre, wird vermieden. Das Buch koppelt ein bestimmtes Einheitensystem an eine bestimmte Lehrmethode und versucht den Eindruck zu erwecken, als ob diese Kopplung notwendig wäre und als ob dadurch ein besseres Verständnis der Elektrizitätslehre erzielt würde. Hierzu ist zu sagen, daß das Verständnis der Naturgesetze nichts mit der Wahl eines willkürlichen Einheitensystems zu tun hat; weiterhin kann man jedes Maßsystem mit jeder Lehrmethode koppeln; schließlich ist die hier gewählte Lehrmethode besonders unbefriedigend, da dem Ohmschen Gesetz ein überragender Platz eingeräumt wird, der ihm nicht zukommt. Durch die Kopplung des Giorgischen Maßsystems an diese Lehrmethode könnte man ungerechterweise das Maßsystem verwerfen, weil man die Lehrmethode nicht annehmen will.“

Das Buch war zunächst nicht für Physiker geschrieben. Der Verfasser hat Einheiten und die Maxwelltheorie nicht so sehr unter dem Gesichtspunkt des wissenschaftlichen Interesses behandelt, sondern mehr mit der Absicht, aus der Elektrizitätslehre (ohne Quantentheorie und Atomphysik) ein einfach hantierbares Werkzeug für diejenigen zu machen, die sie anwenden müssen. Es zeigte sich bei Diskussionen mit Personen verschiedenster Vorbildung, daß die vorliegende Form des Buches dieser Absicht entspricht.

Es ergab sich außerdem bei diesen Diskussionen, daß auch Physiker ganz gegen ihre Erwartung Nutzen aus diesem Buch ziehen konnten. Sei es, daß sie schneller und sicherer mit den rationalisierten Giorgischen Einheiten rechnen konnten, als mit den anscheinend viel besser an ihre Gedankengänge angepaßten Gaußschen Einheiten; sei es, daß verschiedene Tatsachen, wie die Meßbarkeit von D und H oder der durch Abb. 7 gegebene Zusammenhang, ihnen nicht bekannt oder jedenfalls nicht bewußt war.

Wie dem auch sei, wir empfehlen Physikern an, das System dieses Buches als angenehmes mnemotechnisches Hilfsmittel zu betrachten, dessen Skelett sie mit jeder beliebigen Theorie oder Vorstellungsweise bekleiden können. Außerdem sei hier noch ein Weg angegeben, der auch zum rationalisierten Giorgischen Maßsystem führt und der nicht die oben erwähnte Kritik hervorrufen wird.

Die **Maxwell**schen Gleichungen können als Grundlage der Elektrizitätslehre betrachtet werden. Wenn wir ihnen die einfachste Form:

$$\operatorname{rot} H = \dot{D} + S$$

$$\operatorname{rot} E = -\dot{B}$$

geben, Volt und Ampere als gebräuchliche elektrische Einheiten akzeptieren und schließlich Zentimeter und Gramm durch die ursprünglichen Maße Meter und Kilogramm ersetzen, um die mechanische Energieeinheit gleich der elektrischen zu machen, so ergeben sich als Einheiten für H und E A/m, beziehungsweise V/m. Dadurch sind wir auf das rationalisierte **Giorgische** Maßsystem mit absolutem Volt und Ampere gekommen.

SPRINGER-VERLAG IN WIEN

Kurzgefaßtes Lehrbuch der Elektrotechnik. Von Prof. Dipl.-Ing. Dr. techn. **G. Oberdorfer**, Graz. Mit etwa 230 Textabbildungen. Etwa 360 Seiten. Lex.-8°.

Erscheint im Frühjahr 1951.

Lexikon der Elektrotechnik. Von Prof. Dipl.-Ing. Dr. techn. **G. Oberdorfer**, Graz. Mit etwa 350 Textabbildungen. Etwa 500 Seiten.

Erscheint im Frühjahr 1951.

Hochspannungstechnik. Von Dr.-Ing. **A. Roth**, Aarau (Schweiz). Dritte, vollständig neubearbeitete und vermehrte Auflage. Herausgegeben unter Mitwirkung von Prof. **A. Imhof**, Muttenz (Schweiz). Mit 734 Abbildungen im Text sowie 98 Zahlentafeln. IX, 704 Seiten. Lex.-8°. 1950.

DM 63.—, $ 15.—, sfr. 65.—
Geb. DM 67.—, $ 16.—, sfr. 69.—

Elektrische Maschinen. Eine Einführung in die Grundlagen. Von Prof. Dr.-Ing. **Th. Bödefeld**, München, und Dipl.-Ing., Prof. Dr. techn., Dr.-Ing., Dr. phil. **H. Sequenz**, Wien. Vierte Auflage mit Ergänzungen. Mit insgesamt 632 Abbildungen. XXV, 489 Seiten. Lex.-8°. 1949.

Geb. DM 24.—, $ 7.20, sfr. 31.—

Elektromotoren. Ihre Eigenschaften und ihre Verwendung für Antriebe. Von Dr.-Ing. **W. Schuisky**, Västerås (Schweden). Mit etwa 385 Textabbildungen. Etwa 480 Seiten. Lex.-8°.

Erscheint im Sommer 1951.

Elektrische Maschinen der Kraftbetriebe. Wirkungsweise und Verhalten beim Anlassen, Regeln und Bremsen. Mit Anwendungsbeispielen. Von Prof. Dr.-Ing. **E. Wist**, Wien. Mit 189 Textabbildungen. VII, 184 Seiten. 1950.

DM 19.—, $ 4.50, sfr. 20.—
Geb. DM 21.50, $ 5.—, sfr. 22.50

Einführung in die Funktechnik. Verstärkung, Empfang, Sendung. Von Prof. Dipl.-Ing. Dr. techn. **F. Benz**, Innsbruck. Vierte, stark vermehrte Auflage. Mit 705 Textabbildungen. XX, 736 Seiten. 1950.

DM 42.—, $ 10.—, sfr. 43.50
Geb. DM 45.60, $ 10.80, sfr. 47.—

Meßtechnik für Funkingenieure. Von Prof. Dipl.-Ing. Dr. techn. F. Benz, Innsbruck. Mit etwa 380 Textabbildungen. Etwa 320 Seiten.

Erscheint im Sommer 1951.

Berichtigungen.

S. 50, Zeile 6 von oben, Gl. (101), lies: $B = \mu_r B_0$ statt $B = \mu_r D_0$.

S. 58, Abb. 11: Werte von B durch 10 teilen, Werte von HB mit 10^3 statt mit 10^4 multiplizieren.

S. 65, Zeile 5 von unten (Induktivitätsgesetz unter p) lies: $n\,\Phi = L\,I \cdot 10^8$ statt $n\,\Phi = L\,I \cdot 10^{-8}$.

S. 80, Zeile 1 von unten lies: Moment eines Moleküls/Feldstärke statt Moment/Feldstärke.

Cornelius, Elektrizitätslehre.